Protokollführung

juristisch und sprachlich korrekt

Prof. Dr. Edmund Beckmann
Dr. Steffen Walter

3. Auflage

C.H.BECK

So nutzen Sie dieses Buch

Die folgenden Elemente erleichtern Ihnen die Orientierung im Buch:

Beispiele:
In diesem Buch finden Sie zahlreiche Beispiele und Übungen, welche die geschilderten Sachverhalte veranschaulichen.

Definitionen:
Hier werden Begriffe kurz und prägnant erläutert.

Die Merkkästen enthalten Empfehlungen und hilfreiche Tipps.

Auf den Punkt gebracht

Am Ende jedes Kapitels finden Sie eine kurze Zusammenfassung des behandelten Themas.

Inhalt

Vorwort

Gibt es eine Skala der unbeliebtesten Jobs? Protokollführung würde sicher ganz oben stehen. Die wenigsten reißen sich um diese Aufgabe.

Warum ungeliebte Protokollführung?

Vielleicht haben Sie schon einmal die Situation erlebt, dass Sie an einer Veranstaltung teilnehmen, aber nicht verstehen, worum es jetzt eigentlich geht. Die Ursache ist nicht etwa die undeutliche Aussprache eines Teilnehmers oder die schlechte Akustik des Raumes. Vielmehr ist Ihnen die Bedeutung von Wörtern unklar. Der rote Faden droht, verloren zu gehen.

Wenn Sie jedoch das Protokoll führen, erwarten alle Teilnehmenden, dass die Quintessenz des Gespräches von Ihnen zu Papier gebracht wird.

Weiter zugespitzt wird die Situation, wenn Sie neu in einer Branche und/oder in einem Unternehmen sind. Vielleicht begegnen Ihnen Abkürzungen, Fachwörter, die Sie in Ihrem Leben noch nicht gehört haben?

In diesem Buch möchten wir Ihnen aufzeigen, wie Sie inhaltliche Sicherheit beim Mitschreiben und Ausfertigen des Protokolls erreichen.

Es kann sein, dass Sie darauf aufmerksam gemacht werden, dass das Protokoll für den Nachweis von Aussagen wichtig ist. Viele Protokollanten sind jedoch unsicher, was die juristische Absicherung im Protokoll betrifft.

- Welche Rechtsgrundlage gibt es für Protokolle?
- Kann der Protokollant für ein falsches Protokoll zur Verantwortung gezogen werden?
- Wer hat eigentlich den Hut auf und unterschreibt das Protokoll?
- Was muss aus rechtlicher Sicht in ein Protokoll? Was kann vielleicht weggelassen werden?
- Wie kann ein Protokoll angefochten werden?

In diesem Buch werden Ihnen die Rechtsgrundlagen, Ihre Rechte und Pflichten als Protokollant vermittelt.

Bestimmt haben Sie schon Beratungen erlebt, in denen es hoch hergeht. Manchmal laufen auch Beratungen aus dem Ruder. Das kann an der Brisanz des Themas liegen. Vielfach ist aber eine schlechte Moderation die Ursache. Sie erfahren in diesem Buch etwas über den Zusammenhang zwischen Moderation und einem perfekten Protokoll.

Mit dem Thema Protokollführung ist oft – insbesondere bei Anfängern – die Angst vor einem nicht zufriedenstellenden Protokoll präsent. Das ist menschlich und auch Lampenfieber gehört dazu. Allerdings ist eine zu große Angst vor der Protokollführung für Sie hinderlich. Ihnen unterlaufen Fehler, Sie hören nicht richtig zu, vielleicht geraten Sie dann in einen Strudel, … Am Ende steht dann der Beweis: „Ich habe euch doch gesagt, dass ich kein Protokoll schreiben kann!"

Kein Mensch ist perfekt und auch das erste Protokoll wird es nicht sein. Legen Sie die Messlatte nicht zu hoch. Dieses Buch hilft Ihnen, sich sehr gut vorzubereiten und schwierige Situationen beim Protokollieren besser zu meistern. Protokollführung ist eine Chance, sich im Unternehmen bzw. in der Verwaltung einen wichtigen Stand zu erarbeiten und sich zu profilieren.

Protokolle – Warum und Wozu?

Was ist ein Protokoll?

In der Praxis begegnen Ihnen die unterschiedlichsten Begriffe, wie z. B. Aktennotiz, Gesprächsnotiz, Niederschrift, Vermerk und selbstverständlich auch der Begriff „Protokoll". Deshalb wird in einem ersten Schritt zunächst geklärt: Was ist ein Protokoll?

Kommunikativer Kontext

Ausgangspunkt ist – ganz allgemein ausgedrückt – eine Veranstaltung, an der mindestens zwei Personen teilnehmen. In dieser Veranstaltung werden möglicherweise Meinungen ausgetauscht, Beschlüsse gefasst, Festlegungen getroffen, vielleicht wird auch ein Interview durchgeführt. Der Charakter der Veranstaltung ist für die allgemeine Definition eines Protokolls dem Grund nach unerheblich.

> *Beispiele für Veranstaltungen, für die ein Protokoll angefertigt wird:*
>
> - *Dienstbesprechung, Team-Meeting, Jour fixe, …*
> - *Erörterungstermin oder mündliche Verhandlung bei Gericht, Wohnungsübergabe, Bauabnahme, Zeugenaussage, …*
> - *Konferenz, Kolloquium, Kongress, …*
> - *Interview, Mitarbeitergespräch, Telefonat, …*
> - *Mitgliederversammlung, Hauptversammlung, …*

- *Gewählte Gremien: Gemeinderats- bzw. Kreistagssitzung, Verbandsversammlung, Aufsichtsratssitzung, …*

Wichtig ist für das Anfertigen von Protokollen, dass einerseits der Wunsch besteht oder aber es andererseits konkrete Vorgaben gibt (z. B. gesetzliche), die dazu führen, dass die Veranstaltung inhaltlich dokumentiert wird. Wie ausführlich dies geschieht, hängt wiederum von den Wünschen bzw. den konkreten Vorgaben ab und spiegelt sich in der Art des Protokolls wider: **Verlaufsprotokoll** oder **Ergebnisprotokoll**.

Neben der inhaltlichen Dokumentation einer Veranstaltung gehört die Einordnung in den kommunikativen Kontext zum Protokoll:

Folgende Formalien können den Rahmen eines Protokolls ergeben:

- Was ist das für eine Veranstaltung? Name der Veranstaltung?
- Wer hat daran teilgenommen? Wer hat daran vom zu erwartenden Teilnehmerkreis nicht teilgenommen?
- Wann fand die Veranstaltung statt? Datum? Anfangszeit? Endzeit?
- Wo fand die Veranstaltung statt? Im Unternehmen? In der Verwaltung? Im Hotel?
- Wer ist für die Dokumentation verantwortlich? Wer ist Leiter der Veranstaltung? Wer führt das Protokoll?
- Von wem wird das Protokoll unterschrieben? Wird das Protokoll überhaupt unterschrieben?
- Welche Anlagen gehören zum Protokoll?
- Wer bekommt das Protokoll im Nachhinein?

Unterschied Bericht – Protokoll

Ein Bericht ist auf den ersten Blick ähnlich wie ein Protokoll „gestrickt".

Der Verfasser eines Berichtes schaut von der Gegenwart zurück in die Vergangenheit und schreibt chronologisch den Verlauf eines Prozesses auf. Dieser Verlauf kann die wirtschaftliche Entwicklung in einem Jahr (Geschäftsbericht), der Hergang eines Ereignisses (Unfallbericht), aber selbstverständlich auch der Verlauf einer Veranstaltung (Veranstaltungsbericht) sein.

Der **Bericht** steht **in der Regel** in einer **Zeitform der Vergangenheit**. Das heißt, Sie können nur etwas in einem Bericht dokumentieren, was bereits geschehen ist.

Im Gegensatz dazu steht das **Protokoll** in der **Zeitstufe der Gegenwart** (Präsens).

Wie entsteht ein Protokoll?

X = Zeitpunkt der Veranstaltung

Y = Zeitpunkt der Ausfertigung des Protokolls

Wenn Sie keinen Live-Mitschnitt von einer Veranstaltung haben, nehmen Sie Ihre Mitschrift zur Rekonstruktion zur Hand (Zeitpunkt Y). Das heißt, Sie simulieren mithilfe der Mitschrift, als wären Sie live dabei gewesen. Sie versetzen sich quasi in den Zeitpunkt der Veranstaltung (Zeitpunkt X) zurück. Deshalb steht das Protokoll in der Zeitstufe Präsens.

Auch wenn es zwischen Protokoll und Bericht eine Schnittmenge gibt (Dokumentation von Veranstaltungen), ist der Blickwinkel auf das Geschehen aus unterschiedlichen Zeitperspektiven.

Definition:

Ein Protokoll ist die formale und inhaltliche Dokumentation einer Veranstaltung in der Zeitstufe Präsens.

In der öffentlichen Verwaltung wird statt des Begriffes „Protokoll" oft der Begriff „Niederschrift" verwendet. So ist über jede öffentliche bzw. nicht-öffentliche Sitzung des Gemeinderats bzw. des Kreistags eine „Niederschrift" zu fertigen. In ihr sollen der Ablauf der Sitzung und die gefassten Beschlüsse dokumentiert werden. Diese dienen als Grundlage für die Umsetzung der Beschlüsse, aber auch um als Dokument in schriftlicher Form Zeugnis vom Ablauf der Sitzung zu geben.

Im Folgenden werden die Begriffe „Protokoll" und „Niederschrift" parallel verwendet, das heißt:

Niederschrift = Protokoll – Protokoll = Niederschrift.

In diplomatischen Kreisen wird bei Staatsbesuchen von einem **diplomatischen Protokoll** gesprochen. Dabei geht es meistens um einen festgelegten Ablauf einer Veranstaltung. Diese Art von Protokollen wird in der vorliegenden Darstellung nicht betrachtet.

! ***Empfehlung***

Klären Sie auch in Ihrem Unternehmen bzw. in Ihrer Verwaltung, welche Begriffe Sie verwenden. Einigen Sie sich am besten auf einen einheitlichen Sprachgebrauch, ansonsten kommt es zu Missverständnissen, was überhaupt angefertigt werden soll.

Sinn und Zweck von Protokollen

Warum fertigen wir in unterschiedlichen kommunikativen Kontexten für Veranstaltungen Protokolle an?

Der Wunsch, einen bestimmten Ausschnitt einer Kommunikation noch einmal nachzulesen bzw. für die Zukunft festzuhalten, ist wahrscheinlich schon sehr alt. Viele Menschen sind sicherheitsorientiert und wünschen, alles dokumentiert zu haben. „Man könnte es ja noch einmal gebrauchen."

Tatsächlich ist das Nachnutzen des Protokolls der eigentliche Zweck. Denn für die Schublade oder für die Nachwelt ist es nicht so notwendig, etwas aufzuschreiben; es sei denn, es handelt sich um den Bereich der öffentlichen Verwaltung, wo – wie bei den Landtags- und/oder Bundestagsprotokollen im Gesetzgebungsverfahren – der Inhalt und die Beweggründe für die Entscheidung festgehalten werden müssen.

In aller Regel handelt es sich um so genannte **Präsenzveranstaltungen**, über die ein Protokoll geführt wird. Im Zusammenhang mit der „Corona-Pandemie" und seitdem erlaubt der Gesetzgeber jedoch auch so genannte digitale oder hybride Veranstaltungen (vgl. u. a. § 34 Abs. 1a BbgKVerf oder § 47a GO NRW). Zu beachten ist dabei, dass die Vorschriften über die Anfertigung von Protokollen nicht geändert worden sind. Das heißt, auch über digitale/hybride Veranstaltungen ist auf jeden Fall ein Protokoll zu führen. Dabei gilt grundsätzlich das für die Prokollführung von Präsenzveranstaltungen Gesagte entsprechend.

Zielstellungen, die mit dem Anfertigen von Protokollen verbunden werden

Informieren

Es gibt immer Personen, die nicht an einer Veranstaltung … teilnehmen können (Krankheit, Urlaub, Dienstreise, …). Diese sollen im Nachhinein über die Ergebnisse oder vielleicht sogar über den konkreten Verlauf informiert werden.

Des Weiteren gibt es bestimmte Gremien, bei denen das Protokoll veröffentlicht wird (z. B. Gemeinderatssitzung), u. a. im Amtsblatt. Das heißt, alle Interessierten haben die Möglichkeit, das Protokoll einzusehen. Wer möchte, der kann sich so über das aktuelle Geschehen in seiner Gemeinde informieren. Amtsblätter erscheinen heute in der Regel im Internet.

Disziplinieren

Vielleicht ist es Ihnen schon einmal wie folgt ergangen? – Im Nachhinein will niemand etwas so oder so verstanden haben. Es gibt Streit über Aufgabenverteilungen bzw. Bewertungen.

Wenn Sie etwas in einem Protokoll festschreiben, dann gibt es später weniger oder keine Streitigkeiten. Das bedeutet, mit einem Protokoll disziplinieren Sie die Teilnehmer, indem Sie Ergebnisse festschreiben. Jeder kann schwarz auf weiß nachlesen, wie der Verlauf der Sitzung war und was festgelegt wurde.

Beweise/Nachweise führen

Mit Hilfe von Protokollen können Sie zeigen, dass überhaupt eine Diskussion stattfand, bestimmte Argumente genannt wurden, Festlegungen getroffen wurden, ob ein Antrag gestellt wurde usw.

Für den Bereich der öffentlichen Verwaltung stellt das Protokoll eine öffentliche Urkunde dar, die – wenn sie zudem die Unterschrift des Protokollanten und/oder des Vorsitzenden des Gremiums trägt – den Beweis der Richtigkeit des Dokumentierten in sich trägt.

So können Sie im juristischen Sinn belegen, dass eine bestimmte Person dieses oder jenes gesagt hat. Unter Umständen können Sie sogar dokumentieren, wie eine Person abgestimmt hat (z. B. bei einer namentlichen Abstimmung). Dies ist ggf. bei nachfolgenden gerichtlichen Auseinandersetzungen hilfreich. Denn in aller Regel fordern die Gerichte die Protokolle zur Einsichtnahme an.

Auch dann, wenn Sie keine handschriftliche Unterschrift haben, können Sie zumindest dokumentieren, dass über bestimmte Aspekte gesprochen wurde. Das heißt, Sie haben dann zumindest einen Nachweis in der Hand.

Prozesse managen

Aus der Perspektive der Führungskräfte sind Protokolle nützlich, weil sie damit Prozesse besser steuern können und zudem eine Aufgabenerfüllung kontrollieren können. Aus dieser Führungssicht sind Protokolle daher wichtige Managementhilfen.

Beispiel: Es wurde in einem Protokoll festgehalten

- *Aufgabe: Ausarbeitung eines Gebäudegutachtens*
- *Verantwortlich: Dr. Lehmann*
- *Termin: 12.12.202 X*

Am 1. Dezember erfährt die Führungskraft, dass Herr Dr. Lehmann sich im Urlaub das Bein gebrochen hat. Mit einem Blick auf das Protokoll kann die Führungskraft nun gegensteuern. Wer übernimmt jetzt die Verantwortung für das Gebäudegutachten? Ist der Termin noch zu halten?

Sachverhalte dokumentieren/aufbewahren

Wenn Sie Sachverhalte dokumentieren, sichern Sie die Kontinuität der Verwaltung. Es gibt in Gremien und in anderen Bereichen einen stetigen Mitglieder-/Personalwechsel. Das heißt, ein neuer Mitarbeiter hat u. a. mit Hilfe von Protokollen die Möglichkeit, sich in die „Geschichte des Falls" einzulesen. Der neu gewählte Gemeindevertreter kann sich anhand der alten Protokolle über den Stand der Dinge informieren, um auf diese Weise den gleichen Sachstand zu erhalten wie die „alten Hasen".

Für Protokolle gibt es in aller Regel keine (vom Gesetzgeber) vorgeschriebene spezielle Aufbewahrungsfrist. Das bedeutet einerseits, dass Protokolle unendlich aufbewahrt werden sollten/müssen; andererseits kann dies nicht bedeuten, bis in „alle Ewigkeit".

Sie können bei der Aufbewahrung von Protokollen der Dienstbesprechung oder der Arbeitsgruppensitzung sicherlich etwas „lockerer" verfahren. Wenn ein Projekt abgeschlossen ist, sollten die Protokolle noch eine Zeit X aufbewahrt werden. Immerhin kann ein Projekt nach einer gewissen Zeit wieder auf die Tagesordnung kommen.

Beachten Sie bitte, dass es die so genannten „Ewigkeitsprotokolle" gibt, die niemals vernichtet werden; wie z. B. Protokolle über die Sitzungen des Ältestenrats einer Gemeinde, der Gemeindevertretungssitzungen, Kreistagssitzungen, …

Empfehlung
Im Zweifelsfall erkundigen Sie sich in Ihrem Unternehmen bzw. in Ihrer Verwaltung nach Vorgaben bzw. der Verfahrensweise zur Aufbewahrung/Archivierung von Dokumenten.

In der Realität sind die dargestellten Zielstellungen in der Regel miteinander verzahnt. Das heißt, ein Protokoll realisiert nicht nur eine einzige Zielstellung. Schwerpunkte der Veranstaltung können sich von einem auf den anderen Tagesordnungspunkt verändern. Somit verändert sich u. U. auch der Charakter eines Protokolls.

Merke
Wenn Sie zuvor die Zielstellungen Ihres Protokolls bzw. der einzelnen Tagesordnungspunkte erfassen, können Sie genauer die Art des notwendigen Protokolls bestimmen.

Protokollarten

Verlauf oder Ergebnis?

Grundsätzlich können zwei Arten von Protokollen unterschieden werden:

Verlaufsprotokoll bzw. Ergebnisprotokoll.

Alle noch so unterschiedlichen Bezeichnungen können auf diese zwei Grundarten von Protokollen zurückgeführt werden.

Verlaufsprotokoll

Die ausführlichste Form des Protokolls ist das Wortprotokoll. Das heißt, jede Äußerung in einer Veranstaltung wird dokumentiert. Das ist nur zu schaffen mit einer technischen Aufzeichnung bzw. mit ausgebildeten Stenotypisten. Solche Protokolle werden beispielsweise im Bundestag/Bundesrat und in den Landtagen angefertigt. Im Unternehmensalltag spielen solche ausführlichen Protokolle in aller Regel keine Rolle.

Trotzdem kann es sein, dass auch der Verlauf einer Veranstaltung interessant ist. Dann werden zumindest **Knotenpunkte** des Gesagten aufgenommen.

Beispiele für Knotenpunkte:

- *Neue Informationen, die die Teilnehmer noch nicht kannten und den Gesprächsverlauf beeinflussen.*
- *Ideen/Vorschläge, die eingebracht werden, um ein Problem zu lösen.*
- *Widersprüche/Gegenargumente, die der Veranstaltung eine neue Richtung geben.*
- *Geschäftsordnungsanträge, deren Stellung zum Ende der Debatte führt.*
- *Bewertungen (Statements), die den Verlauf einer Diskussion beeinflussen.*

Bewertungen können Knotenpunkte sein, insbesondere dann, wenn sie dem Gesprächsverlauf eine neue Richtung geben.

Ob Bewertungen in ein Verlaufsprotokoll aufgenommen werden, hängt auch oft von der Stellung des Autors der Bewertung ab. Die Meinung eines Vorsitzenden oder eines Experten wird vielleicht vorrangig als Knotenpunkt aufgenommen.

Knotenpunkte geben der Veranstaltung einen neuen Impuls. Wiederholungen sind jedoch keine Knotenpunkte; außer sie stellen eine enorme Verstärkung dar.

Bei Veranstaltungen kommt es immer wieder auch zu Abschweifungen vom Thema. Diese sind selbstverständlich keine Knotenpunkte. Die Schwierigkeit für die Protokollführung besteht darin, etwas als Abschweifung zu erkennen, insbesondere, wenn die Person nicht so im Thema steht.

Merke
Beachten Sie bitte, dass ein Verlaufsprotokoll selbstverständlich auch ein Ergebnis hat und nicht nur aus dem Verlauf (Knotenpunkten) besteht.

Ergebnisprotokoll

Bei einem Ergebnisprotokoll wird auf die Dokumentation des Verlaufs der Veranstaltung in aller Regel komplett verzichtet. Vorschläge, Ideen oder Bewertungen und andere Knotenpunkte gehören also nicht ins Ergebnisprotokoll.

Merke
Das Ergebnisprotokoll heißt so, weil nur die Ergebnisse festgehalten werden.

Ausgangssituation im Ergebnisprotokoll?!

Was in ein Ergebnisprotokoll in der Regel einfließt, ist eine kurze Darstellung der Ausgangssituation.

- Was war das Problem/Prüfergebnis?
- Wovon sind die Teilnehmer ausgegangen?
- Welche Problemlösungsansätze gibt es bereits?

Mit diesen Angaben kann ein Nachnutzer die Ergebnisse besser einordnen.

Vergleich: Ergebnisprotokoll – Verlaufsprotokoll

Im Folgenden finden Sie eine tabellarische Gegenüberstellung von Verlaufsprotokoll und Ergebnisprotokoll. Wägen Sie aufgrund der Vorteile ab, welche Protokollart für Ihre Zwecke am besten geeignet ist:

	Vorteile	Nachteile
Verlaufs-protokoll	• Nachvollzug der Ergebnisse (Wie kam das Ergebnis zustande?) • Stimmungsbild (Welche Kräfte gibt es innerhalb der Gruppe?) • Gute Beweislage (Wer hat etwas Bestimmtes gesagt?) • Ideenrettung (Vorschläge/Anregungen gehen nicht verloren)	• Aufwand der Protokollführung • Konzentriertes Zuhören über die gesamte Zeit notwendig (Sie wissen nicht im Voraus, was ein Knotenpunkt der Veranstaltung wird) • Ausführliches Formulieren notwendig (Sie schreiben mehr auf) • Lesemotivation des Nachnutzers u. U. aufgrund der Länge des Protokolltextes eingeschränkt

	Vorteile	Nachteile
Ergebnis-protokoll	• Nachnutzbarkeit sehr gut, wenn Ergebnisse kurz, prägnant und übersichtlich dargestellt werden • Konzentration auf den Kern des Sachverhaltes/auf das Wesentliche besser möglich (Aufwand der Protokollführung geringer)	• Informationsverlust möglich • Evtl. notwendige Beweislage geht verloren

Gibt es eine klare Abgrenzung zwischen Verlaufsprotokoll und Ergebnisprotokoll?

Wenn Sie jetzt darüber nachdenken, welches Protokoll Sie in Ihrem Unternehmen bzw. in Ihrer Verwaltung verfassen – ein Ergebnisprotokoll oder ein Verlaufsprotokoll –, dann ist diese Frage nicht auf den ersten Blick zu beantworten. Viele Protokolle stellen Mischformen dar. Beachten Sie Folgendes:

Merke
Ein Tagesordnungspunkt ist die kleinste Einheit des Protokolls. **Ein Tagesordnungspunkt ist entweder Verlaufsprotokoll oder Ergebnisprotokoll**. Innerhalb eines Tagesordnungspunktes können Sie nicht mischen!

Für die praktische Anwendung bedeutet das:

- In einem Tagesordnungspunkt werden nur die Ergebnisse im Sinn von Festlegungen protokolliert (= Ergebnisprotokoll).
- In einem anderen Tagesordnungspunkt desselben Protokolls gibt es eine Diskussion zu einer Problemlage. Es ist wichtig, neben dem Ergebnis (siehe oben) den Ablauf, die Gedanken, die Verfahrensschritte aufzuschreiben (= Verlaufsprotokoll).

Unter der Überschrift „Protokoll" können also Tagesordnungspunkte mit verschiedener Ausrichtung vorkommen.

!

Empfehlung

Vermeiden Sie es am besten, in der Überschrift eine bestimmte Protokollart festzuschreiben. Wenn beispielsweise in der Überschrift „Ergebnisprotokoll" steht, wird ein Nachnutzer wahrscheinlich auch nichts anderes erwarten.

Besser schreiben Sie z. B.:

Protokoll der Projektgruppenberatung XY

Niederschrift über die 11. Sitzung der Gemeindevertretung der Gemeinde X am 07.05.202X.

!

Empfehlung

Wenn Sie im Vorfeld aufgrund der Tagesordnung wissen, welche Protokollart bei welchem Tagesordnungspunkt zu erwarten ist, können Sie Ihre Mitschreibtechniken darauf ausrichten

Schreiben Sie das richtige Protokoll?

In vielen Fällen der öffentlichen Verwaltung wird Ihnen die Art des Protokolls durch gesetzliche und/oder durch hausinterne Vorschriften (Geschäftsordnungen) vorgegeben.

Ein Widerspruch besteht, wenn Ihnen beispielsweise in der Geschäftsordnung ein Ergebnisprotokoll vorgegeben wird, aber die Teilnehmer sich „schon immer" ein Verlaufsprotokoll wünschen. Wollen Sie dies ändern, so müsste zunächst die verbindliche Grundlage (z. B. die Geschäftsordnung) geändert werden.

Sollten Sie keine Vorgaben haben oder es besteht Änderungsbedarf, so sondieren Sie diese Frage am besten mit dem Leiter (Moderator, Vorsitzenden) sowie den Teilnehmern Ihrer Veranstaltung.

Einige Entscheidungskriterien für Sie:

- Gibt es gesetzliche Vorgaben, Bestimmungen in Geschäftsordnungen und/oder interne Verwaltungsvorschriften, die die ein bestimmtes Protokoll verbindlich vorgeben? Dann ist die Entscheidung gefallen, weil Sie diese Vorgaben einhalten müssen.
- Gibt es Traditionen, nach denen Protokolle schon immer in dieser oder jener Form angefertigt werden? Dann sollten Sie sich zunächst daran orientieren. Es ist jedoch überlegenswert, den Standard auf den Prüfstand zu stellen. Die Formulierung „Das haben wir schon immer so gemacht." ist kein gutes Argument.
- Wichtige Entscheidungskriterien können die Zielstellungen sein. Wenn Ihr Protokoll vorwiegend dazu genutzt wird, Prozesse zu managen oder Mitarbeiter zu disziplinieren,

dann ist der Weg zu einem Ergebnisprotokoll geebnet. Das Protokoll ist dann meistens eine To-do-Liste und dient der Aufgabenkoordination.

- Benötigen Sie Knotenpunkte der Diskussion (Ideen, Vorschläge, Meinungen), dann ist ein Verlaufsprotokoll angebracht. Die Zielstellungen, die damit verbunden sind, heißen Informieren, Beweise führen oder Sachverhalte dokumentieren.

Empfehlung
Trotz einer eindeutigen Vorgabe (z. B. Ergebnisprotokoll) besteht im konkreten Einzelfall manchmal die Notwendigkeit, davon abzuweichen, um an dieser Stelle eine wichtige Angelegenheit (Geschäftsordnungsantrag, beleidigender Zwischenruf „Sie Dummschwätzer") festzuhalten.

Was sind Ergebnisse von Veranstaltungen?

Im Kern ist jedes Protokoll ein Ergebnisprotokoll. Die Ergebnisse einer Veranstaltung gehören in jedem Fall ins Protokoll und können unter keinen Umständen weggelassen werden.

Merke
Kein Ergebnis ist auch ein Ergebnis.

Umgedreht kann jedes Ergebnisprotokoll in ein Verlaufsprotokoll verwandelt werden, indem die Knotenpunkte der Diskussion ergänzt werden.

Aufgrund der fundamentalen Bedeutung von Ergebnissen für jedes Protokoll wird im Folgenden eine begriffliche Erörterung vorgenommen: Welche unterschiedlichen Ergebnisse können festgehalten werden?

Beschlüsse

Dabei handelt es sich um einen konkreten Text, der durch eine Abstimmung darüber rechtliche Verbindlichkeit erhält. Zum Protokoll gehören neben der Beschlussvorlage im engeren Sinne auch der Beschlusstext und das konkrete Abstimmungsergebnis mit „Ja", „Nein" und „Enthaltungen".

> *Beispiel:*
>
> *TOP 03: Förderung städtebaulicher Maßnahmen im Rahmen des Bund-Länder-Programms „Städtebaulicher Denkmalschutz"*
>
> *Hier: Umgestaltung des Regionalmuseums Innensanierung 3. Bauabschnitt.*
>
> *Die Stadtverordnetenversammlung der Stadt P. beschließt im Rahmen der Städtebauförderung des Bund-Länderprogramms „Städtebaulicher Denkmalschutz" die Fortsetzung der Umgestaltung des Regionalmuseums Innensanierung 3. Bauabschnitt*
>
> *Abstimmungsergebnisse zur Vorlage TOP 3:*
>
> *Anwesend: 18*
>
> - *Ja: 18*
> - *Nein: 0*
> - *Enthaltungen:0*
> - *Befangen/Ausgeschlossen*: 0*
>
> ** im Sinne von z. B. § 31 Abs. 2 i. V. m. § 22 BbgKVerf*

Wenn Sie nur Beschlüsse mit den jeweiligen Abstimmungen festhalten, schreiben Sie an dieser Stelle ein Ergebnisprotokoll. Eine Tabellenform bietet sich hier in der Regel nicht an, weil es mitunter längere Fließtexte sind, die beschlossen werden.

Aber ein Beschlussprotokoll als Ergebnisprotokoll kann bzw. muss zu einem Verlaufsprotokoll ergänzt werden, wenn Sie eine Diskussion haben, die zu einer Änderung der Beschlussvorlage führt. Ein Nachnutzer muss nachvollziehen können, warum das Gremium dann doch etwas anderes beschlossen hat.

Festlegungen

Das sind Bestimmungen des „Chefs" kraft seines Amtes. Eine Abstimmung wie bei Beschlüssen findet nicht zwingend statt. Der Chef muss nicht zwangsläufig der Vorgesetzte sein, es handelt sich z. B. um den Vorsitzenden/Moderator der entsprechenden Veranstaltung.

Folgende Festlegungen sind möglich:

Aufgaben

Aufgaben sind anstehende Tätigkeiten oder Maßnahmen. Dabei ist eine genaue Beschreibung der Tätigkeit wichtig. Darüber hinaus ist der Verantwortliche für diese Tätigkeit und der Termin festzuhalten.

Was ist zu tun? Wer macht es? Bis wann ist es zu erledigen?

> ***Beispiel: Einholen von Angeboten***
>
> *Kopierer mit folgenden Mindestanforderungen: …*
>
> *Präsentation der Ergebnisse am …*
>
> *Verantwortlich: Max Muster (Einkauf)*
>
> *Termin: …*

Anweisungen/Richtlinien/Verwaltungsvorschriften

Anweisungen/Richtlinien/Verwaltungsvorschriften sind Gebote und/oder Verbote, die Ihr Handeln im Unternehmen bzw. in der Behörde betreffen. Diese werden in einer Veranstaltung vom „Chef" bekannt gegeben, bedürfen ggf. jedoch noch einer weiteren Umsetzung durch die verantwortlichen Entscheidungsträger.

Was ist nicht erlaubt bzw. erlaubt? Wie muss gehandelt werden? Wen betrifft es? Ab wann gilt diese Regelung?

> ***Beispiel: Zugangsberechtigungen neu ausstellen lassen***
>
> *Wer? Alle MA XY-Bereich*
>
> *Ab sofort, Ende der Frist: …*

Feststellungen

Feststellungen sind Beschreibungen von Ist-Zuständen, z. B. bei einer Bauabnahme, bei einem Audit, bei einer Wohnungsabnahme.

Beispiel: Wohnungsabnahme

Zustand der Fenster (Küche)

- *Fenster rechts, Scheibe gesprungen*
- *Farbanstich innen: i. O.*
- *Farbanstrich außen: sehr schlecht (Farbe blättert ab)*

Diese Beschreibung ist also eine dokumentarische Aufnahme von Tatsachen zu einem bestimmten Zeitpunkt. Die Feststellungsprotokolle werden oft mit anderen Dokumentationsmitteln ergänzt, z. B. mit Fotos. Mitunter werden zur Feststellung von Tatsachen Messverfahren eingesetzt.

In manchen Veranstaltungen wird ein Feststellungsprotokoll (z. B. über ein Audit) präsentiert. Die Feststellung selbst erfolgt nicht in der Veranstaltung. Deshalb zählen diese Dokumentationen dann zum folgenden Punkt „Informieren".

Informationen als Ergebnis?

Regelmäßig werden in Veranstaltungen Informationen vorgetragen, z. B. mit Präsentationen oder Berichten. Dabei ergibt sich die Frage: Sind die gegebenen Informationen die Ergebnisse der Veranstaltung? Im weitesten Sinn: Ja!

Bei Informationen ist das Ergebnis im engeren Sinn das Wissen in den Köpfen der Teilnehmer. Das bedeutet, alle Teilnehmer müssten, wenn sie die Veranstaltung verlassen, über die Informationen aus der Präsentation verfügen, und zwar in ihrem eigenen Kopf. Sie als Protokollant könnten sich zurücklehnen und bräuchten nichts mitzuschreiben.

Es gibt jedoch die Zielstellung, mithilfe des Protokolls Nichtteilnehmende zu informieren. Also ist es notwendig, zumindest die Quintessenz (Zusammenfassung) einer Präsentation bzw. eines Berichtes in das Protokoll aufzunehmen.

Wenn Vorträge mittels Präsentationssoftware (wie z. B. Power Point) gehalten werden, ist es keinesfalls Ihre Aufgabe, diese im Einzelnen mitzuschreiben. Die Vorträge fügen Sie als Anhang an das Protokoll. So verhält es sich auch bei der (manchmal ½-stündigen oder länger dauernden) Jahreshaushaltsrede des Kämmerers und/oder Hauptverwaltungsbeamten im kommunalen Bereich.

Wenn Vorträge ohne Medien gehalten werden, sollten Sie das Wichtigste mitschreiben (s. Seite 69 ff.). Ins Protokoll bringen Sie am besten nur eine Zusammenfassung, ggf. ergänzt durch die Anlage zum Protokoll.

Empfehlung
Wenn Sie nicht der Experte auf dem vorgetragenen Gebiet sind, bitten Sie den Referenten um eine kurze Zusammenfassung für das Protokoll.

Wenn es um das Protokollieren von Festlegungen, Feststellungen und Informationen geht, gibt es in der Realität oft einen bunten Mix von Ergebnissen. Dabei werden in einer Hauptspalte Informationen und Aufgaben gemischt, mitunter sogar in einem Satz. Das führt zur Verwirrung und macht das Nachnutzen des Protokolls sehr schwer. Aus diesen Gründen ist folgende Tabellenstruktur zu empfehlen:

TOP	Inhalt	Verant- wortlich	Termin	Status
1	Info: Zwischenstand Errichtung Gebäude XY (Hr. Merz) • Kellergeschoss ausgebaut • Zwischendecke eingezogen • … **Aufgabe:** Außen-Isolierung prüfen, schriftliche Info über Ergebnisse	 Frau Bunt	 22.11.	 offen
2	Vorbereitung Tagung XY: Aufgaben • Catering bestellen • Technik bestellen und prüfen • … **Hinweis:** Vor dem Tagungsgebäude zurzeit Einbahnstraße aus Richtung Bahnhof	 Herr Franz Frau Münch	 24.11. 24.11.	 offen offen

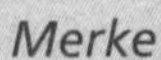

Merke

Heben Sie die für Ihre Protokollführung geltenden Ergebniskategorien durch Fettdruck hervor. So erreichen Sie eine effektive Nachnutzung.

Gliedern Sie die Ergebnisse mit Spiegelstrichen, Nummern u. Ä.

Die Informationsgeber stehen nicht in der Spalte „Verantwortlich“, sondern als Autor bei der Info.

Empfehlung
Wenn Ihnen und Ihrem Team das beschriebene Formular genügt, dann reicht das Erstellen eines Ergebnisprotokolls aus.

Auf den Punkt gebracht

Ein Protokoll ist die Darstellung der inhaltlichen und formalen Aspekte einer Veranstaltung in der sprachlichen Zeitstufe Präsens.

Überlegen Sie ausgehend von den Zielstellungen des Protokolls und den gesetzlichen Vorgaben, welches Protokoll (Verlaufsprotokoll oder Ergebnisprotokoll) für Ihren Zweck geeignet bzw. vorgegeben ist.

Protokolle sind mitunter Mischformen. **Aber:** Ein Tagesordnungspunkt ist entweder Verlaufs- oder Ergebnisprotokoll.

Differenzieren Sie unbedingt bei den Ergebnissen zwischen Informationen/Feststellungen und Festlegungen (i. d. R. Aufgaben). Somit erleichtern Sie wesentlich die Nachnutzbarkeit des Protokolls.

Rechtliche Grundlagen

Warum gesetzliche Vorschriften?

Wer sich mit der Protokollführung befasst, stellt fest, dass diese auf ganz unterschiedlichen Ebenen anzutreffen ist.

Hier ist zunächst einmal die öffentliche Ebene zu erwähnen, in erster Linie also die kommunalen (= gemeindlichen) Organe (wie beispielsweise die Gemeindevertretung, der Kreistag, die Verbandsversammlung etc.), über deren Tätigkeit ein Protokoll zu führen ist. Daneben sind die staatlichen Organe zu erwähnen, u.a. der Bundestag, der Bundesrat und die Landtage.

Aber auch auf der privat-geschäftlichen Ebene, auf der sich die öffentlichen Verwaltungen bewegen, ist die Notwendigkeit anerkannt, Protokoll zu führen. Dies ist insbesondere der Fall bei den so genannten Eigengesellschaften der kommunalen und staatlichen Einrichtungen, beispielsweise

- bei den Sparkassen
- bei den in privater Rechtsform betriebenen Stadtwerken
- bei den Einrichtungen der Daseinsvorsorge, wie Umweltservice-GmbH, Wasserversorgungs-GmbH etc.

Für den privaten Bereich dürfen die vielen privaten Vereins-Mitgliederversammlungen nicht unerwähnt bleiben, ebenso wenig die Eigentümer-Versammlungen von Wohnungseigentümergemeinschaften oder Klassenpflegschaftsversammlungen. Auch hier besteht die Notwendigkeit, das Beschlossene schriftlich festzuhalten.

Dabei ist zu beachten, dass es für öffentliche Verwaltungen wesentlich ist, die Grundlagen ihrer Handlungen gegenüber dem Bürger gleich und transparent festzuhalten. Aus diesem Grunde ist eine Verpflichtung gegeben, die Grundzüge der Protokollführung schriftlich zu fixieren (vgl. u. a. § 42 Abs. 1 S. 1 BbgKVerf: „Über jede Sitzung ... ist eine Niederschrift zu fertigen.").

Für den privaten Bereich hat der Gesetzgeber erkannt, dass es (z. B. bei Eigentümerversammlungen) zur Vermeidung künftiger Auseinandersetzungen wichtig erscheint, den unverzichtbaren Inhalt eines Protokolls vorzugeben. Zudem zwingt die schriftliche Niederlegung des Beschlossenen die Versammlung, sich klar und deutlich für das eine oder andere auszusprechen.

Merke
Sowohl im öffentlichen Bereich als auch im privaten Bereich ist es unverzichtbar, Protokolle zu erstellen. Sie stellen in der Regel die Handlungsgrundlage dar. Deswegen wird das Anfertigen von Protokollen ausdrücklich vorgeschrieben.

Welche Bereiche sind wie geregelt?

Öffentlich-rechtlich geregelter Bereich

Staatliche Organe

Der Bundestag ist das Parlament der Bundesrepublik Deutschland mit Sitz im Reichstagsgebäude in Berlin. Die wesentlichen Vorschriften für die Durchführung der Sitzungen des Bundestages sind – nach Artikel 40 Abs. 1 S. 2 Grundgesetz – in einer sogenannten Geschäftsordnung geregelt, so auch für die Protokollführung. Denn über die Sitzungen des Bundestages wird ein wörtliches (= stenografisches) Protokoll verfasst.

Dies gilt im Wesentlichen auch für die Sitzungen des Bundesrats als – neben dem Bundestag bestehendes – weiteres staatliches Verfassungsorgan, durch das die Länder an der Gesetzgebung und Verwaltung des Bundes mitwirken, mit Sitz ebenfalls in Berlin. Auch hier werden nach Artikel 52 Abs. 3 S. 2 Grundgesetz über die Geschäftsordnung des Bundesrats die Einzelheiten der Protokollführung („wörtliches Protokoll") festgelegt.

Für die 16 Landtage bzw. Parlamente in den Stadtstaaten Berlin, Bremen und Hamburg gilt Vergleichbares. So wird über die Sitzungen des Landesparlaments NRW mit Sitz in Düsseldorf nach § 101 S. 1 der Geschäftsordnung „ein wortgetreuer Bericht" gefertigt; über die Sitzungen des Senats von Berlin wird beispielsweise nach § 15 Abs. 1 der Geschäftsordnung eine „Niederschrift über den wesentlichen Verlauf der Sitzung" verfasst.

Merke
Für den Bundestag und die Landesparlamente gibt es – wegen des Umfangs und der Bedeutung – einen eigenen Protokolldienst, mit zahlreichen Sondervorschriften, die es zu beachten gilt.

Kommunale Organe

Für die Gemeinden und Gemeindeverbände – also die Landkreise und Ämter – schreiben die Kommunalverfassungen vor, dass über die Sitzungen der Gemeindevertretungen, der Kreistage und Amtsausschüsse ein Protokoll („Niederschrift") zu fertigen ist. So wird z. B. mit § 52 Abs. 1 S. 1 GO NRW festgelegt, dass „über die im Rat gefassten Beschlüsse eine Niederschrift aufzunehmen ist". Diese Niederschrift „ist vom Bürgermeister und einem vom Rat bestellten Schriftführer zu unterzeichnen".

Vergleichbare Vorschriften enthalten die anderen Kommunalverfassungen anderer Bundesländer, beispielsweise § 42 Abs. 1 BbgKVerf:

„Über jede Sitzung der Gemeindevertretung ist eine Niederschrift zu fertigen. Sie muss mindestens

1. die Zeit und den Ort der Sitzung,
2. die Namen der Teilnehmer,
3. die Tagesordnung,
4. den Wortlaut der Anträge und Beschlüsse

sowie

5. die Ergebnisse der Wahlen und Abstimmungen enthalten."

Zusätzlich werden diese gesetzlichen Vorgaben im kommunalen und staatlichen Bereich durch einzelne Geschäftsordnungen ergänzt.

> ***Beispiel für eine solche Geschäftsordnung:***
>
> *„Geschäftsordnung der Bürgerschaft der Universitäts- und Hansestadt Greifswald*

§ 12

Niederschrift

(1) Über jede Sitzung der Bürgerschaft ist eine Niederschrift anzufertigen. Die Sitzungsniederschrift muss enthalten:

a) Ort, Tag, Beginn und Ende der Sitzung

b) Namen der anwesenden und fehlenden Mitglieder der Bürgerschaft

c) die Anwesenheit des Oberbürgermeisters und seiner Stellvertreter sowie die Namen der geladenen Sachverständigen und Gäste.

d) Feststellung der Ordnungsmäßigkeit der Einladung

e) Feststellung der Beschlussfähigkeit

f) Fragen, Vorschläge und Anregungen der Einwohner

g) Anfragen der Mitglieder der Bürgerschaft

h) die Tagesordnung

i) Billigung der Sitzungsniederschrift der vorangegangenen Sitzung

j) den Wortlaut der Anträge mit Namen der Antragsteller, die Beschlüsse und die Ergebnisse der Abstimmungen

k) sonstige wesentliche Inhalte der Sitzung

l) Ausschluss und Wiederherstellung der Öffentlichkeit

m) vom Mitwirkungsverbot betroffene Bürgerschaftsmitglieder

n) Abstimmungsliste bei namentlicher Abstimmung

o) Liste der von den Fachausschüssen durchgeführten Beschlusskontrolle.

…"

Der Gesetzgeber hat somit in aller Regel nur einen Rahmen vorgegeben, der sodann mit den Geschäftsordnungen vor Ort weiter ausgefüllt wird. Es ist im Kern ein Ergebnisprotokoll, das jedoch zu Beweiszwecken auch den wesentlichen Verlauf der Dinge nachvollziehen soll. Im Übrigen regelt eine solche Geschäftsordnung den Rahmen und die einzuhaltenden Formvorschriften bis hin zur Notwendigkeit einer Unterschrift verbindlich.

Mit dem Erstellen dieses Protokolls/dieser Niederschrift in Verbindung mit der/den Unterschrift/-en wird eine so genannte öffentliche Urkunde erstellt. Das heißt, diese Urkunde trägt zunächst einmal den Beweis über die Richtigkeit des dokumentierten Geschehensablaufs in sich. Das Protokoll ist in der Regel bis zur nächsten ordentlichen Sitzung des Gremiums zu erstellen (vgl. z. B. § 12 Abs. 2 S. 1 Geschäftsordnung der Universitäts- und Hansestadt ... Greifswald). Gegebenenfalls können – je nach Gesetzeslage – die Mitglieder des Gremiums Einwendungen erheben, über deren Berechtigung sodann das Gremium mit seiner Mehrheit zu befinden hat.

Merke

Auf keinen Fall ist es so, dass die Erstellung des Protokolls/der Niederschrift etwa Wirksamkeitsvoraussetzung für die gefassten Beschlüsse wäre.

Anders ausgedrückt: Wurde ein rechtmäßiger Beschluss gefasst, so ist dieser nicht deshalb ungültig, weil darüber kein Protokoll erstellt wurde.

Regelmäßig wird das End-Protokoll den Teilnehmern, aber auch den Bürgern zusätzlich im Internet zur Einsicht zur Verfügung gestellt. Darüber hinaus können sich die Bürger auf ihre Kosten Kopien anfertigen lassen (siehe z. B. § 12 Abs. 3 der Geschäftsordnung der Universitäts- und Hansestadt Greifswald).

Nicht unerwähnt bleiben soll, dass die Sitzungen der kommunalen Organe regelmäßig in einen öffentlichen und einen nicht-öffentlichen Teil unterteilt werden.

Merke
Grundsätzlich sind die Sitzungen für alle Bürger – im Rahmen der vorhandenen Kapazität – frei zugänglich; das heißt ebenfalls öffentlich.

Die Bürger können daher im Rahmen der vorhandenen Sitz-/Stehplätze an den öffentlichen Sitzungen teilnehmen, aber nur als Zuhörer. Denn der Bürger hält sich im „Zuschauerbereich" auf. Es ist kein „Zurednerbereich"; reden dürfen nur die Teilnehmer der Sitzung.

Aus besonderen Gründen kann jedoch in den Sitzungen die Öffentlichkeit ausgeschlossen werden (z. B. bei überwiegenden Belangen des öffentlichen Wohls, Grundstücksangelegenheiten, Vertragsangelegenheiten, berechtigten Interessen Einzelner etc.). Dann finden diese Tagesordnungspunkte im nicht-öffentlichen Teil der Sitzung statt. An diesen Tagesordnungspunkten dürfen nur die Teilnehmer der Sitzung teilnehmen, nicht die Bürger.

Also gibt es für diese Fälle folgerichtig auch einen nicht-öffentlichen Teil des Protokolls. Für diesen nicht-öffentlichen Teil des Protokolls/der Niederschrift besteht natürlich ebenfalls eine Protokollierungspflicht, in der Regel nicht jedoch eine Veröffentlichungspflicht. Das heißt, dem Bürger steht ein Einsichtsrecht in diesen Teil des Protokolls nicht zu.

Merke
Die Protokollpflicht im öffentlichen Bereich – vor allem im kommunalen Bereich – ist in den gesetzlichen Grundlagen – den Kommunalverfassungen – vorgegeben. Sie geben allerdings nur den Rahmen vor, der durch Geschäftsordnungsvorschriften weiter ergänzt wird. Der Umfang der Protokollpflicht ist je nach Bundesland unterschiedlich.

Privat-rechtlich geregelter Bereich

Eigengesellschaften der öffentlichen Hand

Hier ist zunächst einmal festzuhalten, dass diese Eigengesellschaften – also die Tochterunternehmen der staatlichen und kommunalen juristischen Personen des öffentlichen Rechts – gleichfalls der öffentlichen Aufgabenstellung unterliegen. Sie nehmen also für die öffentlich-rechtlichen Rechtsträger Aufgaben der Daseinsvorsorge für die Bürger wahr (z. B. Wasserversorgung, Abwasserentsorgung, Schwimmbad, Sparkasse, Theater, Umweltvorsorge, Verkehrsbetriebe, etc.).

Dies bedeutet, dass diese Eigengesellschaften dem öffentlichen Auftrag verpflichtet sind, also ebenso wie die sonstigen öffentlichen Rechtsträger ihre Aufgaben zum Wohl der Bürger erledigen müssen. Dies gilt auch dann, wenn diese Eigengesellschaften am Wirtschaftsleben teilnehmen und ihre Tätigkeit darauf ausgerichtet ist, Gewinn zu erzielen.

Protokollführung in diesen Eigengesellschaften soll dargestellt werden am Beispiel einer Stadtwerke GmbH:

Die gesetzliche Grundlage für die Tätigkeit einer Stadtwerke GmbH findet sich u. a. im GmbH-Gesetz. Das Gesetz weist dabei als Organe eine Geschäftsführung, je nach Größe einen freiwilligen oder pflichtigen Aufsichtsrat und eine Gesellschafterversammlung aus.

- **Geschäftsführung:** In der Regel unterteilt sich die Geschäftsführung einer Stadtwerke GmbH in eine „Kaufmännische Geschäftsführung" und „Technische Geschäftsführung". Dies bedeutet, diese beiden Teile der Geschäftsführung müssen sich abstimmen. Darüber werden in aller Regel Protokolle gefertigt, mindestens aber über die grundlegenden getroffenen Entscheidungen.
- **Aufsichtsrat:** Dem Aufsichtsrat kommt nach § 52 GmbH-Gesetz – wie der Wortlaut es schon vermuten lässt – die Aufsicht über die Geschäftsführung der GmbH zu. Da der Aufsichtsrat ebenfalls aus mehreren Personen besteht, ist auch hier über die Sitzungen des Aufsichtsrats ein Protokoll anzufertigen.
- **Gesellschafterversammlung:** Dies gilt in gleichem Maße auch für die Gesellschafterversammlung – also der Versammlung der die GmbH tragenden Gesellschafter. Die Tätigkeit einer GmbH richtet sich nach den Vorgaben der Gesellschafterversammlung. Deshalb ist es notwendig, auch über die Sitzungen der Gesellschafterversammlung ein Protokoll zu erstellen.

Leider ist es jedoch so, dass das GmbH-Gesetz – im Gegensatz zum sonstigen öffentlichen Bereich (wie aufgezeigt) – keine näheren Angaben zur Anfertigung von Protokollen macht; selbst eine grundlegende gesetzliche Verpflichtung zur Erstellung eines Protokolls existiert nicht. Nur für den Fall, dass alle Anteile der Gesellschaft in einer Hand vereinigt sind, schreibt § 48 Abs. 3 GmbH-Gesetz eine Niederschrift über die gefassten Beschlüsse der Gesellschafterversammlung vor.

Aus diesem Grunde ist es für die GmbH sinnvoll, sich für den Ablauf der Verwaltungsgeschäfte in der Geschäftsführung, im Aufsichtsrat und in der Gesellschafterversammlung eine Verfahrensordnung (= Geschäftsordnung) zu geben, vergleichbar den Geschäftsordnungen im sonstigen öffentlichen Bereich. Daraus folgt, dass auch für die Anfertigung von Protokollen dieser Sitzungen diese erlassene Geschäftsordnung den Inhalt und den Rahmen vorgibt.

Beispiel: Geschäftsordnung für den Aufsichtsrat einer Stadtwerke GmbH

„§ 7

Sitzungsleitung und Niederschrift

(1) Der Vorsitzende leitet die Sitzung. Über die Sitzung ist eine Niederschrift anzufertigen, die gem. § 10 Ziff. 6 des Gesellschaftsvertrages der Unterschrift des Vorsitzenden und eines von der Geschäftsführung zu bestimmenden Schriftführers bedarf.

(2) Die Niederschrift wird als Beschlussniederschrift abgefasst. Auf Antrag kann eine andere Protokollführung erfolgen.

(3) Die Niederschriften werden von der Geschäftsführung aufbewahrt. Eine Ausfertigung der jeweiligen Niederschrift ist allen Mitgliedern zuzuleiten.

(4) Einwände gegen die Niederschrift sind innerhalb von 2 Wochen nach der Zustellung über die Geschäfts-

führung an den Vorsitzenden zu richten. Über die Einwände entscheidet der Aufsichtsrat."

Merke
Für privatrechtlichen Bereich sind in aller Regel keine gesetzlichen oder sonstigen Vorschriften vorhanden, die den Inhalt von Protokollen weiter festlegen. Dennoch sollte das enthalten sein, was zuvor an wesentlichen Elementen eines Protokolls dargestellt wurde, also

- Zeit und Ort der Sitzung
- Teilnehmer
- wesentlicher Verlauf
- Beschlussvorschläge
- Abstimmungen
- Unterschrift
- Zeitrahmen für die Anfertigung des Protokolls

Empfehlung
Da gesetzliche Grundlagen offensichtlich fehlen, sollten Sie die für Ihren sonstigen Bereich geltenden Vorschriften heranziehen. Sind Sie also bei einer Stadtwerke GmbH beschäftigt, so ziehen Sie bitte die städtische Geschäftsordnung über die Grundsätze der Protokollführung hinzu.

Aktiengesellschaft

Eine Aktiengesellschaft führt ihre Geschäfte u. a. auf der Grundlage des Aktien-Gesetzes. Sie verfügt über

- einen Vorstand,
- einen Aufsichtsrat,
- eine Hauptversammlung.

Die Ausführungen zur GmbH bzw. zu den Stadtwerken gelten dem Grunde nach entsprechend.

Jedoch eröffnet § 129 Abs. 1 S. 1 Aktien-Gesetz die Möglichkeit, dass die Hauptversammlung der Aktiengesellschaft sich eine Geschäftsordnung geben kann, mit der Regeln über die Vorbereitung und Durchführung der Hauptversammlung festgelegt werden können.

Zudem ist nach § 130 Aktien-Gesetz über die Hauptversammlung eine „Niederschrift" nach näherer Bestimmung des § 130 Aktien-Gesetz anzufertigen. So dass es auch für den Bereich der Aktiengesellschaft angezeigt ist, für den Ablauf der Verwaltungsgeschäfte generell eine Geschäftsordnung zu erlassen. Diese sollte dann auch Einzelheiten zur Anfertigung von Protokollen im Bereich der Aktiengesellschaft enthalten.

Die Protokolle im Vorstand, im Aufsichtsrat und in der Hauptversammlung werden in der Regel von einem Mitarbeiter der Verwaltung der AG gefertigt; eine besondere Bestellung gibt es in der Regel nicht.

Privater Verein

Bei einem Verein handelt es sich – gleich, ob es sich um einen eingetragenen (= rechtsfähigen) oder nicht-rechtsfähigen

Verein handelt, – um einen freiwilligen auf Dauer angelegten Zusammenschluss von (in der Regel) mehreren natürlichen Personen zur Verfolgung eines bestimmten Zwecks. Grundlage bilden die §§ 21 ff. des Bürgerlichen Gesetzbuchs (BGB).

Der Verein (z. B. Förderverein, Kleingartenverein, Sportverein etc.) ist in seinem Bestand unabhängig – egal, ob die Mitglieder wechseln. In aller Regel hat der Verein als Organe einen Vorstand nach § 26 BGB und eine Mitgliederversammlung nach § 32 BGB. Der Gesetzgeber trifft auch hier keine näheren Bestimmungen über die Anfertigung von Protokollen im Zusammenhang mit den Vorstandssitzungen und/oder den Mitgliederversammlungen (im Gegensatz z. B. für die Versammlungen nach dem Wohnungseigentümergesetz).

Gerade deshalb ist es jedoch angezeigt, auch bei einem privaten Verein, der in aller Regel ja über eine Satzung verfügt, in diese Satzung grundlegende Vorschriften über die Anfertigung von Protokollen für die Sitzungen – mindestens der Mitgliederversammlung – aufzunehmen.

Diesem Gedanken folgt der „Leitfaden des Bundesministeriums der Justiz zum Vereinsrecht"; zu beziehen beim Bundesministerium der Justiz und/oder aber über das Internet: www.bmjv.de (Stichwort: Leitfaden Vereinsrecht, Stand September 2016)

Auf S. 31 ff. dieses Leitfadens wird folgende Anregung gegeben:

„Deshalb sehen die meisten Vereinssatzungen vor, dass eine Niederschrift über die Mitgliederversammlung aufzunehmen ist", in der nach Ansicht der Verfasser mindestens

- die Zahl der erschienenen Vereinsmitglieder,

- die ordnungsgemäße Einladung zur Sitzung,
- die Feststellung der Beschlussfähigkeit,
- die gestellten Anträge,
- die Art der Abstimmung und das genaue Abstimmungsergebnis und
- die Unterschrift des Protokollführers

enthalten sein soll.

> ***Beispiel: Mustersatzung für Kleingärtnervereine***
>
> *Ziff. 5.5, S. 2 und 3*
>
> *„Über die Mitgliederversammlung und die Ergebnisse der Beschlussfassungen ist ein Protokoll zu führen, das vom Versammlungsleiter und vom Protokollführer unterzeichnet wird. Die Abstimmungsergebnisse sind nach den abgegebenen Ja- und Nein-Stimmen festzuhalten."*

Auf den Punkt gebracht

Zusammenfassend kann also festgehalten werden, dass in aller Regel für die Anfertigung von Protokollen gesetzliche bzw. untergesetzliche Rechtsvorschriften vorhanden sind. Sollte dies für Ihren Bereich nicht der Fall sein, so erkundigen Sie sich, ob in Ihrem Haus dennoch eigene und/oder ergänzende Regelungen in Form von Geschäftsordnungsvorschriften erlassen worden sind, die Aussagen über die Anfertigung von Protokollen treffen.

Sollte dies – wider Erwarten – nicht der Fall sein, so orientieren Sie sich bis zum Erlass solcher Geschäftsordnungsvorschriften an den Anleitungen dieses Handbuchs.

Form des Protokolls

Das Protokoll hat einen formalen Teil (Rahmen) und einen inhaltlichen Teil (Beschlüsse in Form von Abstimmungen und Wahlen, sonstige Festlegungen, Verlauf der Sitzung etc.). Der formale Teil umschließt gewissermaßen den inhaltlichen Teil. Deshalb der Begriff „Rahmen".

Am Anfang steht der Protokollkopf u. a. mit der Bezeichnung des Protokolls. Am Ende steht der Protokollfuß u. a. mit den Unterschriften.

Wie bereits oben (Seite 30 ff.) ausgeführt, sind die Formalien in den jeweiligen gesetzlichen Vorgaben bzw. in den jeweiligen Geschäftsordnungen verbindlich festgeschrieben. Ort und Zeit der Sitzung, die Teilnehmer, die Tagesordnung, die Beschlussfähigkeit etc. sind zwingend anzugeben.

In Teambesprechungen oder anderen Veranstaltungen sind die Formalien in aller Regel nicht juristisch verankert. Trotzdem gehören die formellen Angaben auch in diesen Fällen zum Protokoll (beispielsweise bei Schulpflegschaftssitzungen, Vereinssitzungen etc.). Im Folgenden werden die einzelnen Angaben näher erläutert. Sie erhalten Tipps, worauf Sie achten sollten.

Der Protokollkopf

Absenderangaben

Im Protokollkopf sollte deutlich werden, von welchem Unternehmen bzw. von welcher Verwaltung sowie aus welcher Abteilung bzw. welchem Amt das Protokoll stammt.

Beachten Sie: Ein Protokoll hat mitunter Langzeitwirkung. Nach einer gewissen Zeit weiß – bei dem Fehlen der entsprechenden Absenderangaben – niemand mehr, aus welchem Bereich das Protokoll kommt. Darüber hinaus erfolgen mitunter Umstrukturierungen. Abteilungen oder Bereiche verschmelzen, neue Abteilungen entstehen. Auch aus diesen Gründen sind die Absenderangaben wichtig. Darauf kann allerdings dann verzichtet werden, wenn wie z. B. bei Protokollen über die Sitzungen der Gemeindevertretungen und/oder der Kreistage klar ersichtlich ist, dass dieses Protokoll nur aus dem Hauptamt/Fachbereich für Ratsangelegenheiten stammen kann; dann lautet es z. B. wie folgt: „Niederschrift über die 11. öffentliche Sitzung der Stadtverordnetenversammlung der Landeshauptstadt Potsdam“ ohne Amtsangabe.

! *Empfehlung*

Wenn Sie noch kein entsprechendes Protokollformular in Ihrem Unternehmen bzw. im Amt vorfinden, nehmen Sie am besten den Briefbogen als Grundlage. Daraus können Sie in Abstimmung mit den Verantwortlichen mit wenigen Handgriffen ein Protokollformular entwickeln, welches den Absender deutlich werden lässt.

Genaue Bezeichnung des Protokolls

Wie bereits zu Beginn beschrieben, ist es nicht sinnvoll, in der Überschrift die Art des Protokolls festzuhalten. Wenn Sie beispielsweise als Überschrift „Ergebnisprotokoll" verwenden, dann sollte in keinem Tagesordnungspunkt der Verlauf dokumentiert sein. Das heißt, wo „Ergebnisprotokoll" darübersteht, sollte auch „Ergebnisprotokoll" darin sein.

Besser formulieren Sie als Überschrift einen neutralen Titel.

Beispiele für verschiedene Protokolle:

- *Protokoll Teammeeting*
- *Protokoll Abteilungsleiterrunde*
- *Protokoll der Projektgruppe XY*
- *Protokoll der Bauausschusssitzung*
- *Protokoll der Aufsichtsratssitzung*
- *Protokoll der 25. Mitgliederversammlung*
- *Niederschrift über die 11. öffentliche Sitzung der Stadtverordnetenversammlung der Landeshauptstadt Potsdam*

Empfehlung

Die Benennung des Protokolls stimmen Sie auf Archivierungsvorgaben bzw. die Vorgaben Ihres Arbeitgebers/Dienstherrn ab; also z. B. Niederschrift über die .... So können Protokolle zum einen in die zeitliche Reihenfolge eingeordnet und zu einem späteren Zeitpunkt ohne Probleme wiedergefunden werden.

Zeitliche Einordnung

Zur zeitlichen Einordnung gehört die Angabe des Datums der Veranstaltung sowie die Angabe der Uhrzeiten, und zwar der Beginn und das tatsächliche Ende. In der klassischen Protokollform gab es eine Unterteilung dergestalt, dass im Protokollkopf der Beginn der Veranstaltung vermerkt wurde, während im Fuß des Protokolls die Endzeit dokumentiert wurde.

Im modernen Protokoll stehen diese Angaben in der Regel im Protokollkopf.

> ***Beispiel für einen Protokollkopf:***
>
> *14.01.202X, 14:00 Uhr – 15:40 Uhr.*
>
> *oder*
>
> *14. Januar 202X*
>
> *Beginn: 14:00 Uhr Ende: 15:40 Uhr*

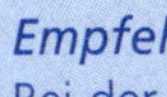

Empfehlung

Bei der Schreibung von Datumsangaben und Uhrzeiten nutzen Sie bitte die im Corporate Design Ihres Unternehmens bzw. Ihrer Behörde festgelegten Formen.

Ein Nachnutzer kann beispielsweise anhand der Zeitangaben rekonstruieren, wie lange zu diesem Thema diskutiert wurde. Welche Rolle das Thema überhaupt spielte usw.

Darüber hinaus ist Beginn und Ende der Sitzung für die Gewährung von Aufwandsentschädigung, Verdienstausfall und die Unfallfürsorge von Wichtigkeit.

Ortsangaben

Zum klassischen Protokoll gehört es, den genauen Veranstaltungsort anzugeben. Dies gilt vor allem bei Veranstaltungen, die unter Beteiligung der Öffentlichkeit stattfinden. Der Veranstaltungsort ist vielfach gesetzlich oder untergesetzlich festgelegt (z. B. Ratssaal).

Davon kann aus wichtigen Gründen abgewichen werden. Dann aber ist es angezeigt, zu erwähnen, wo die Versammlung stattgefunden hat. Damit kann unter Umständen nachträglich festgestellt werden, ob sich dieser Raum überhaupt für eine öffentliche Veranstaltung eignete und nicht etwa der Zugang bereits verwehrt war.

Im alltäglichen Geschäft ist die Ortsangabe etwas in den Hintergrund getreten. Ob das Teammeeting im Raum 305 oder 307 stattfindet, ist für das Protokoll und seine spätere Verwendung unerheblich. Wenn Sie die Ortsangaben aus Tradition im Protokoll des Teammeetings angeben, ist das in Ordnung, notwendig ist es in diesen Fällen nicht.

Einige Veranstaltungen (vielleicht in Zukunft viele Veranstaltungen) finden im digitalen Raum statt. Das heißt, die Teilnehmer sind beispielsweise aus dem Home-Office zugeschaltet. In diesem Fall ist im Protokoll bei den Ortsangaben die entsprechende Online-Plattform anzugeben.

Teilnehmer

Aus den bereits genannten Gründen (Aufwandsentschädigung, Verdienstausfall, Unfallfürsorge), aber auch zur Feststellung der Beschlussfähigkeit des Gremiums ist es notwendig, die Teilnehmer als anwesend zu dokumentieren.

Wenn zusätzlich eine Teilnahmepflicht besteht, so sollte die Anwesenheit auch namentlich festgehalten werden; dies gilt vor allem auch deshalb, wenn eine namentliche Abstimmung beantragt werden kann.

Die Angabe der Teilnehmer ist daher nicht nur juristisch in Gremienprotokollen notwendig, sondern auch im Unternehmensalltag für den Nachnutzer interessant. Wenn dieser eine Frage hat, benötigt er Ansprechpartner. Diese findet er in der Teilnehmerliste.

Empfehlung

Die Bezeichnung „Anwesende" bzw. „Anwesenheitsliste" klingt sehr statisch. Diese Personen waren da, aber haben …

Besser formulieren Sie „Teilnehmerinnen/Teilnehmer" bzw. „Teilnehmerliste". Diese Bezeichnungen klingen „aktiv" und sind zeitgemäß.

Wenn Sie diverse Personen einbeziehen möchten/müssen, dann verwenden Sie am besten die Bezeichnung „Teilnehmende" bzw. Liste der Teilnehmenden.

Mit der Angabe der Teilnehmer sind bestimmte Kriterien verbunden. Achten Sie bitte auf Folgendes:

Prinzip der Einheitlichkeit

Wenn Sie mit Namenszusätzen arbeiten, sollten Sie einheitlich vorgehen. Was dem einen recht ist, ist dem anderen billig. Der Doktor-Titel gehört zum Namen, ebenso der Professoren-Titel. Diese akademischen Namenszusätze bitte vor dem Namen angeben, außer Sie haben sich in Ihrem

Teilnehmerkreis einvernehmlich darauf geeinigt, alle Titel wegzulassen.

Welche weiteren Namenszusätze Sie im Protokoll angeben, hängt von der jeweiligen Tradition, der Branche und den Befindlichkeiten der Teilnehmer ab. Beachten Sie bitte: Wenn ein Mitarbeiter in der Teilnehmerliste mit dem Titel „Leiter Einkauf" angegeben wird, dann wollen auch andere Mitarbeiter unter Umständen ihre Position im Protokoll wiederfinden. Darüber hinaus erleichtern vollständige Angaben die Nachnutzbarkeit des Protokolls für Dritte. Dennoch: Es gilt der Grundsatz: alle oder keiner.

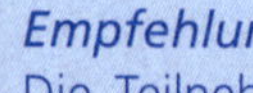

!

Empfehlung

Die Teilnehmer geben Sie am besten mit ihrem Vornamen und Nachnamen an. Damit umgehen Sie die förmliche Bezeichnung „Frau" bzw. „Herr". Darüber hinaus umgehen Sie die Genderproblematik (männlich, weiblich oder divers). Die Angabe des Vornamens **und** des Nachnamens ermöglicht i. d. R. eine genaue Identifikation in einem Unternehmen bzw. in einer Verwaltung. Der Name Lehmann kann ja beispielsweise mehrfach vorkommen.

Rangfolge oder Reihenfolge

Bei dem Prinzip Rangfolge steht an der Spitze der Teilnehmerliste der ranghöchste Teilnehmer. Dann gliedert sich die Teilnehmerliste hierarchisch nach unten. Bei gleicher Ranghöhe können Sie alphabetisch gliedern, um niemandem „auf den Schlips zu treten".

Diese Gliederung nach der Rangfolge ist vor allem in den Gremienprotokollen weit verbreitet.

Bei dem Prinzip Reihenfolge spielen Hierarchien eine untergeordnete Rolle. Ein weit verbreitetes Gliederungsprinzip der Teilnehmerliste ist das Alphabet. Dabei kann es also sein, dass die Führungskraft der Abteilung aufgrund ihres Namens am Ende der Teilnehmerliste steht.

Diese Gliederung nach der Reihenfolge wird vor allem in Teams angewendet, in denen ein partnerschaftlicher Führungsstil praktiziert wird.

Empfehlung
Verzichten Sie in einer Teilnehmerliste auf jeden Fall auf die Reihenfolge „Frau vor Mann". Das kann für Verwirrung sorgen und ist in diesem Fall nicht notwendig. Es geht bei der Gliederung der Teilnehmerliste nicht in erster Linie um Höflichkeit – somit würden auch nicht zuerst alle Gäste aufgeführt werden –, sondern um Übersichtlichkeit für den Nachnutzer.

Mitunter kommt es zur Mischung der Prinzipien Rangfolge und Reihenfolge. Bei einer Gemeinderatssitzung wird in aller Regel die Fraktion mit ihren Mitgliedern an der ersten Stelle stehen, die die meisten Abgeordneten stellt (Rangfolge). Innerhalb der Fraktion steht der Fraktionsvorsitzende an der ersten Stelle und sein Stellvertreter an der zweiten Stelle. Bei der weiteren Gliederung in der Teilnehmerliste wird dann in der Regel auf das Alphabet zurückgegriffen.

Nach den Fraktionen kann in der Gemeinde die Verwaltung mit ihrer Verwaltungsspitze erwähnt werden. Dabei steht selbstverständlich der Hauptverwaltungsbeamte (also z. B. der Oberbürgermeister) an erster Stelle.

Anwesenheit oder Abwesenheit

Aus einer Teilnehmerliste muss hervorgehen – und dies schon aus dem Protokollrahmen –, wer tatsächlich zu den einzelnen Punkten anwesend war. Das hat einerseits juristische Konsequenzen wegen der Feststellung der Beschlussfähigkeit und der notwendigen Mehrheitsverhältnisse.

Andererseits ist es auch wichtig für die Aspekte der Aufwandsentschädigung, des Verdienstausfalls und der Unfallfürsorge. Darüber hinaus geht es mitunter um die Frage, ob und gegebenenfalls ob denn zu Recht die Voraussetzungen für eine Stellvertretung vorlagen. Es kann auch interessant sein, ob denn möglicherweise ein Gast/ein Verwaltungsmitarbeiter noch zu einem Tagesordnungspunkt anwesend war, obwohl er dazu überhaupt nicht geladen war.

Neben den juristischen Konsequenzen geht es aber auch um Stil und Etikette. Es gehört zur Veranstaltungskultur, sich bei Verhinderung zu entschuldigen. Das kann auch einmal im Nachhinein geschehen; bei formgebundenen Protokollen gilt dieser Grundsatz jedoch nicht. Sie sollten deshalb unbedingt im Protokoll vermerken, wer sich entschuldigt hat. Bei Nichtentschuldigten steht dann „nicht anwesend" ohne weiteren Zusatz.

Zur Gruppe der Anwesenden gehören auch Gäste. Das sind Personen, die vielleicht bei einzelnen Tagesordnungspunkten Präsentationen halten oder als Experten gehört werden. Die Gäste werden separat in der Teilnehmerliste aufgeführt. Zusätzlich können diese auch bei dem jeweiligen Tagesordnungspunkt aufgeführt werden.

Bei dem Prinzip „Anwesenheit – Abwesenheit" beachten Sie bitte auch, dass Teilnehmer auch nur zeitweise an der Beratung teilgenommen haben können. Das ist selbstverständlich im Protokoll genau festzuhalten. Für den Nachnutzer muss ersichtlich sein, ob ein bestimmter Teilnehmer zu dem Tagesordnungspunkt X überhaupt anwesend war.

Bei digitalen oder hybriden Sitzungen besteht ebenfalls die Notwendigkeit, die ununterbrochene Teilnahme und Nachvollziehbarkeit der Sitzung sicherzustellen. Deshalb schreibt z. B. der neue § 34 Abs. 1a BbgKVerf vor, dass *„die Sitzung so zu erfolgen hat, dass sich die am Sitzungsort anwesenden und die per Video teilnehmenden Gemeindevertreter gegenseitig wahrnehmen"*, und zwar grundsätzlich ununterbrochen. Die neue GO NRW in § 47a GO NRW schreibt folgerichtig dazu u. a. weiter vor, dass derartige Sitzungen nur zulässig sind, wenn *„die technischen Voraussetzungen dafür sichergestellt sind."* Dabei *„müssen die* (per Video Teilnehmenden) *Gremienmitglieder ihre* (ständige) *Sitzungsteilnahme in eigener Verantwortung sicherstellen."*

Merke

Alle drei Prinzipien „Einheitlichkeit", „Rangfolge oder Reihenfolge", „Anwesenheit oder Abwesenheit" werden je nach Protokoll unterschiedlich streng gehandhabt. In Gremienprotokollen sind aufgrund der juristischen Grundlagen diese Prinzipien unbedingt einzuhalten.

Eine Teambesprechung unterliegt sicher nicht der juristischen Prüfung, aber die kommunikative Etikette gilt natürlich ebenso. Beispielsweise wäre es auch in einem Protokoll einer Teambesprechung unangebracht, die Entschuldigung für ein Fehlen nicht zu vermerken.

Für den Nachnutzer sind in der Teilnehmerliste noch zwei weitere Angaben wichtig:

- Wer hat die Veranstaltung geleitet?
- Wer führt das Protokoll?

Das sind die zwei Personen, die für einen Nachnutzer bei Fragen die ersten Ansprechpartner sind.

Es gibt zwei Möglichkeiten, diese Angaben zu platzieren.

Variante 1: Sie schreiben die Angaben in der Teilnehmerliste hinter die jeweiligen Namen.

Variante 2: Sie führen die Angaben im Protokollkopf extra auf.

Beispiel für die Ansprechpartner:

Vorsitz: Maxi Musterfrau

Protokoll: Max Musterfrau

Die Angabe des Protokollanten sollte nicht ganz uneigennützig sein. Der Hauptautor des Protokolls ist der Protokollant. Also ist die Angabe seines Namens und seiner Funktion im Protokollkopf auch ein wenig Eigenmarketing.

Empfehlung
Benutzen Sie bitte nicht mehr die etwas altertümliche Bezeichnung „Schriftführer" bzw. „Protokollführer". Besser steht: „Protokollant/Protokollantin" bzw. nur „Protokoll:" Zur Benutzung der alten Formen sind Sie allerdings angehalten, wenn diese in den gesetzlichen/untergesetzlichen Regelungen so vorgegeben werden.

Teilnehmernennung und Datenschutz

Grundsätzlich ist es so, dass – wie vielfach wörtlich geregelt – *„personenbezogene Daten sowie und Betriebs- und Geschäftsgeheimnisse nicht unbefugt offenbart werden dürfen"* (vgl. u. a. § 30 VwVfG des Bundes).

Merke
Die Grenze für eine *„Offenbarung"* personenbezogener Daten stellt also die so genannte *„Befugnis"* dar.

So regeln im öffentlich-rechtlichen, aber auch im privatrechtlichen Bereich zahlreiche sondergesetzliche Vorschriften, in welchem Umfange personenbezogene Daten verarbeitet werden dürfen.

Wenn also z. B. die Kommunalverfassungen der Länder festlegen, dass über die Sitzungen der Gemeindevertretungen Niederschriften aufzunehmen sind und deren Inhalt sich aus den jeweiligen Hauptsatzungen/Geschäftsordnungen ergibt, so bestehen keine rechtlichen Bedenken gegen die Nennung von Teilnehmern, Gästen etc. in die Niederschrift.

Dies gilt in gleichem Maße z. B. bei einer Einwohner-Anfrage im öffentlichen Teil der Sitzung. Etwas anderes regelt auch nicht die Datenschutz-Grundverordnung (VO). Diese VO betrifft zudem nur personenbezogene Daten und nicht Daten von juristischen Personen und/oder Betriebs- und Geschäftsgeheimnisse.

Die Verarbeitung personenbezogener Daten ist nach der VO u. a. dann zulässig, wenn der Betroffene zu *„verstehen"* gegeben hat, dass er mit der Verarbeitung seiner Daten einverstanden ist. Nimmt also der Bürger an der Sitzung der Gemeindevertretung teil und stellt er einen Antrag im TOP „Einwohner-Fragestunde", so ist ihm bekannt, dass nicht nur sein Antrag, sondern auch sein Name in die Niederschrift aufgenommen wird.

Gleiches gilt für den privaten Bereich. Die Mitglieder einer Eigentümer-Versammlung/eines Vereins sind mit ihrer Wortmeldung zugleich damit einverstanden, dass ihr Wortbeitrag unter Namens-Nennung in das Protokoll aufgenommen wird. Gegen eine Weitergabe des Namens an die Teilnehmer der Sitzung und zweckgebundene Dritte bestehen daher keine Bedenken.

Auf der Basis der gesetzlichen und untergesetzlichen Grundlagen können personenbezogene Angaben im Protokoll aufgenommen werden. Sind keine Regelungen vorhanden, so sind die Angaben im Rahmen des Erforderlichen zulässig. Es dürfte eine konkludente Einwilligung vorliegen. Betriebs- und Geschäftsgeheimnisse sind von vornherein im nicht-öffentlichen Teil zu verhandeln.

Empfehlung
Auf der Basis der gesetzlichen und untergesetzlichen Grundlagen können personenbezogene Angaben im Protokoll aufgenommen werden. Sind keine Regelungen vorhanden, so sind die Angaben im Rahmen des Erforderlichen zulässig. Es dürfte eine konkludente Einwilligung vorliegen. Betriebs- und Geschäftsgeheimnisse sind von vornherein im nicht-öffentlichen Teil zu verhandeln.

Gehört die Teilnehmerliste immer in den Protokollkopf?

Dies sollte die Regel sein, wenn nicht mehr als ein bis zwei Seiten dafür in Anspruch genommen werden, jedenfalls bei klassischen Protokollen. Wenn es sehr umfangreiche Teilnehmerlisten (mehr als zwei Seiten) gibt, dann ist es möglich, diese auch am Protokollende als Anhang zu platzieren. Damit kommt der Nachnutzer schneller zum inhaltlichen Teil und zu den Tagesordnungspunkten mit den Festlegungen bzw. Beschlüssen. Im Protokollkopf wird dann ein entsprechender Vermerk formuliert.

Tagesordnung

Zum Protokollkopf gehört die Tagesordnung. Diese zeigt dem Nachnutzer übersichtlich die einzelnen Themen der Veranstaltung. In den Gremienprotokollen der öffentlichen Verwaltung unterteilen Sie bitte die Tagesordnung nach öffentlichem Teil und nicht-öffentlichem Teil der Sitzung. Effektives Nachnutzen heißt, dass nicht das gesamte Protokoll von vorn bis hinten studiert werden muss, sondern dass die Tagesordnungspunkte reflektiert werden, die für den Einzelnen relevant sind.

In der Regel ist es so, dass im Vorfeld die Tagesordnung vom Einladenden/Vorsitzenden der Veranstaltung aufgestellt und mit der Einladung bekannt gegeben wird. Dieses Verfahren hat auch etwas mit transparenter Moderation zu tun. Alle Teilnehmer und natürlich auch der Protokollant können sich auf die Veranstaltung vorbereiten.

Es gibt jedoch auch Veranstaltungen (z. B. Abteilungsleiterrunden), die durch eine feststehende Tagesordnung gekennzeichnet sind. Hier erübrigt sich natürlich die Bekanntgabe einer Tagesordnung.

Empfehlung
Wenn es keine Tagesordnung gibt, dann ist das meistens ein Zeichen für eine optimierungsbedürftige Besprechungskultur. Besprechen Sie mit dem Moderator der Veranstaltung, dass das Bekanntgeben der Tagesordnung im Vorfeld eine bessere Vorbereitung aller Teilnehmer ermöglicht.

Merke
Die Angabe der Tagesordnung ist zwingend vorgegeben für eine ordnungsgemäße Einladung bestimmter Gremien. In aller Regel wird es so sein, dass nach der Feststellung der Beschlussfähigkeit des Gremiums gefragt wird, ob mit der Tagesordnung – wie vorgeschlagen – verfahren werden kann.

Beispiele für einen Protokollkopf:

Beispiel aus der Verwaltung

Abfall- und Beschäftigungsbetrieb des Landkreises Muster

Niederschrift

über die 25. Sitzung des Verwaltungsrates des Abfall- und Beschäftigungsbetriebes des Landkreises Muster

Raum Berlin, Verwaltungsgebäude, Schillerstraße 17,

12122 Musterstadt

Musterstadt, 11.11.202X

Beginn: 10:00 Uhr

Ende: 14:40 Uhr

Teilnehmerinnen/Teilnehmer:

Vorsitzender des Verwaltungsrates

Max Muster

Mitglieder des Verwaltungsrates

Sabine Muster

Fred Muster

...

Aufsichtsrat

Vorsitzender: …

Mitglieder des Aufsichtsrates

Geschäftsführer: …

Gäste: …

Tagesordnung:

1. *Eröffnung der Sitzung*
2. *Feststellung der ordnungsgemäßen Ladung und der Beschlussfähigkeit*
3. *Bericht über …*
4. *…*

Beispiel aus dem Unternehmen (Teambesprechung)

Unternehmen Muster GmbH, Personalentwicklung

Protokoll der Teambesprechung

22.02.202X, 10:00 bis 11:15 Uhr, Ort: Raum 44, Hauptgebäude

Teilnehmerinnen/Teilnehmer

Jasmin Anders, Sabine Decker, Manfred Kindler, Wolfram Stubenrauch (entschuldigt)

Tagesordnung

1. *Qualifizierungsmaßnahmen in der Abteilung XY*
2. *Weiterbildungskatalog 2023*

Der Protokollfuß

Nach dem inhaltlichen Teil – der Darstellung der Tagesordnungspunkte mit Ihren Ergebnissen (und evtl. dem Verlauf) – folgt der Protokollfuß. Diese Angaben – insbesondere die Unterschriften – beeinflussen die rechtliche Wirksamkeit von Protokollen maßgeblich.

Unterschriften

Im Zusammenhang mit den Unterschriften unter Protokollen gibt es immer wieder zahlreiche Fragen:

- Wie viele Unterschriften müssen unter das Protokoll?
- Darf/muss die Protokollantin/der Protokollant unterschreiben?
- Ist das Protokoll auch ohne Unterschrift gültig?
- Was bedeutet die Abkürzung „gez." vor der Unterschrift?

Im Folgenden finden Sie drei grundlegende Unterschriftsmöglichkeiten:

Juristische Unterschriftsregelungen

Neben den bereits oben Seite 30 ff. genannten gesetzlichen und untergesetzlichen (= Satzungen/Geschäftsordnungen) festgehaltenen Unterschriftsvorgaben ist nach § 126 Abs. 1 BGB in der Regel „die Namenswiedergabe durch eigenhändige Unterschrift" notwendig. Sie muss den Namen durch „einen individuellen Schriftzug erkennen lassen." Eine sogenannte Paraphe – also z. B. nur die beiden Anfangsbuchstaben des Namens – genügt dabei nicht.

Mit der Unterschrift bzw. den Unterschriften wird dem Protokoll gesetzliche Verbindlichkeit verliehen. Damit wird es eine (öffentliche) Urkunde, die – wie bereits erwähnt – den Beweis der Richtigkeit des Protokollierten zunächst einmal in sich trägt (§ 440 Abs. 2 ZPO).

Diese verbindliche Urkunde ist in aller Regel zur nächsten ordentlichen Sitzung des Gremiums vorzulegen.

Wenn Sie Gremienprotokolle anfertigen, bei denen es juristische Grundlagen und/oder Geschäftsordnungen auch zur Unterschrift gibt, dann halten Sie sich unbedingt an diese Vorgaben. Diese sind verbindlich.

In der Regel wird die Namenswiedergabe durch eigenhändige Unterschrift gefordert, und zwar auf der Original-Urkunde. Wenn auf der Original-Urkunde die handschriftliche Namenswiedergabe vorhanden ist, dann ist es ausreichend, in weiteren Ausdrucken „gez." (= „gezeichnet") vor den Namen zu setzen. Damit wird erklärt, dass das Original mit einer Original-Unterschrift versehen ist.

Die Zukunft wird zeigen, ob und inwieweit diese Vorschriften über die Unterzeichnung von Protokollen auch für die Anfertigung von Protokollen über digitale Sitzungen Geltung beanspruchen werden. Da der Gesetzgeber (bisher) i. d. R. von der *„Schriftform"* bei der Unterzeichnung des Protokolls ausgeht, kann es für den digitalen Bereich (wohl) nur auf eine Unterschrift in Form einer *„qualifizierten elektronischen Signatur"* hinauslaufen.

„Offene" Unterschriftsmöglichkeiten

Es werden in Unternehmen, aber auch in Verwaltungen zahlreiche Protokolle verfasst, für die es keine juristischen

Grundlagen bzw. Geschäftsordnungen gibt. Damit sind Unterschriften nicht zwingend erforderlich. Auch ohne Unterschriften ist ein solches Protokoll selbstverständlich gültig. Aber als Beweismittel kann es nicht verwendet werden.

Empfehlung

Versehen Sie das Protokoll am besten mit den entsprechenden Namenszügen am PC geschrieben. Angelehnt an die Briefkultur, steht links der Leiter/Moderator der Veranstaltung und rechts der Protokollant. Diese Unterschriftsform hat keine juristische Funktion, zeigt aber Verbindlichkeit an: Es gibt eine Person, die insgesamt für das Protokoll verantwortlich ist, und jemanden, der das Protokoll verfasst hat.

Unterschrift des Protokollanten

In der Protokollführung gibt es einen Trend, der aus dem Delegieren von Führungsaufgaben resultiert. In Unternehmen, aber auch Verwaltungen übernimmt die Protokollführung auch die Moderation der Veranstaltung oder umgedreht die Moderation übernimmt auch gleich noch die Protokollführung mit. Es ist nur legitim, dass diese Person allein das Protokoll unterschreibt.

Des Weiteren übertragen immer mehr Führungskräfte der Protokollführung auch Kontrollfunktionen. Das bedeutet, dass die Protokollführung auch für das Nachverfolgen der Festlegungen bzw. Beschlüsse verantwortlich ist. Das Ganze läuft unter der Überschrift „Chefentlastung".

Alles in allem übernimmt die Protokollführung mehr Verantwortung. Das schlägt sich dann auch in der Unterschrift nieder, wo nur noch der Name des Protokollanten erscheint. Auch in diesem Fall geht es nicht um eine Beweisfunktion des Protokolls. Es reicht die Angabe des Namens am PC geschrieben.

Anlage(n)

Unterhalb der Unterschriften werden bei Bedarf Anlagen aufgeführt. Dabei handelt es sich beispielsweise um Präsentationsunterlagen, Dokumente für eine Entscheidungsfindung, ... Diese Dokumente stören aufgrund ihrer Länge die kurze und prägnante Darstellung der einzelnen Tagesordnungspunkte. Deshalb werden sie ausgegliedert. Der Nachnutzer kann bei Bedarf auf diese Dokumente zugreifen.

Im digitalen Zeitalter ist es immer mehr üblich geworden, die Dokumente nicht als Anlage dem Protokoll beizufügen, sondern auf einen entsprechenden Link beispielsweise im Intranet zu verweisen. Beachten Sie bei dieser Vorgehensweise, dass dieser Link bei möglichen Prüfungen, aber auch für Nachnutzer präsent gehalten werden muss.

Merke

Im Protokoll muss es einen Vermerk auf die jeweiligen Anlagen geben. Ansonsten sind diese praktisch nicht existent, weil nicht zum Bestandteil erklärt. In den Anlagen stehen also niemals Angaben, die keinen Bezug zum inhaltlichen Teil haben.

Verteilerliste

Traditionell steht am Ende des Protokolls eine Liste der Personen, die das Protokoll erhalten; es sei denn, der Adressatenkreis steht von vornherein fest (vgl. z. B. die Stadtverordneten bezogen auf die Niederschrift über die Sitzung der Gemeindevertretung). Die Verteilerliste muss nicht identisch mit der Teilnehmerliste sein. Es können also weit mehr Personen das Protokoll zur Information erhalten. Hier ist jedoch zu differenzieren und darauf zu achten, ob es sich um ein Protokoll des öffentlichen oder nicht-öffentlichen Teils einer Sitzung handelt.

Mit der Verteilerliste hat der Nachnutzer einen Überblick, wer die entsprechenden Informationen aus dem Protokoll erhalten hat. Darauf aufbauend, können weitere Maßnahmen abgeleitet werden.

Eine Tendenz in der modernen Protokollführung besteht darin, dass die Verteilerliste in den Protokollkopf rutscht. Damit wird der Informationsfluss gleich an der ersten Stelle transparent dokumentiert.

Bei den förmlichen Protokollen im öffentlichen Bereich ist zudem verbindlich vorgegeben, dass diese allgemein bekannt gemacht werden müssen und der Allgemeinheit (etwa in den Amtlichen Bekanntmachungen und/oder im Internet) zur Verfügung stehen, so dass eine Verteilerliste hier nicht notwendig ist.

In der Regel wird das Protokoll zur nächsten ordentlichen Sitzung erstellt und vorgelegt (oben Seite 35 ff.) sowie mit der Einladung zur nächsten Sitzung versandt. Die Form der Einladung ist folglich auch für das Übersenden des Protokolls maßgeblich. Ist für die Einladung die Schriftform vorgegeben, so muss auch das Protokoll schriftlich (regelmäßig mit der Tagesordnung) übersandt werden. Ob die Schriftform durch eine elektronische Form ersetzt werden darf, bedarf einer Prüfung im Einzelfall (vgl. z. B. die diversen elektronischen Ratsinformationssysteme).

Die Protokollform allgemein

Die Protokollform hängt von der Protokollart ab. Der Unterschied zwischen Verlaufsprotokoll und Ergebnisprotokoll wurde bereits oben Seite 15 ff. thematisiert.

Protokoll in Fließtextform

Wenn Sie ein Verlaufsprotokoll anfertigen, dann verwenden Sie am besten die tradierte Form. Das heißt, der inhaltliche Teil ist von Fließtext geprägt. Dieser kann und sollte aber auch durch optische Elemente strukturiert und gestaltet werden:

- Der Protokollkopf kann in der Art eines Formulars angefertigt werden.
- Die einzelnen Wortmeldungen werden detailliert in der Regel in kurzen Sätzen wiedergegeben.
- Der Beschlusstext wird hervorgehoben. Vielleicht nutzen Sie dazu Textrahmen, damit erreichen Sie eine Blickführung und Übersichtlichkeit.
- Abstimmungsergebnisse sind anzugeben, dies kann auch in Tabellenform geschehen.
- Das Wort „Anlage" bzw. „Anlagen" heben Sie bitte mit Fettdruck hervor.

!

Empfehlung

Bei dieser Form des Protokolls ist es besonders wichtig, durch Gestaltungsmittel für Blickpunkte zu sorgen. Nutzen Sie z. B.:

- Fettdruck, um Namen abzusetzen,
- Einrückungen, um Wortmeldungen voneinander abzugrenzen,
- Aufzählungen mit Spiegelstrichen, um Übersichtlichkeit zu erzeugen.

Protokoll in Tabellenform

Wenn Sie ein Ergebnisprotokoll verfassen, können Sie eher zu einer Tabellenform übergehen. Ein entsprechendes Formular haben Sie bereits kennen gelernt, siehe Seite 28.

Die wesentlichen Angaben (Teilnehmer, Zeit, Protokollant) stehen im Protokollkopf. Es geht allerdings weniger formaljuristisch zu. Auf eine explizite Aufführung der Tagesordnung wird in der Regel verzichtet.

Im inhaltlichen Teil gibt es keinen Fließtext, vielleicht einen kurzen, einleitenden Satz „Frau Muster berichtet über …:". Die Darstellung in Stichwörtern dominiert. Im Protokollfuß gibt es in aller Regel keine handschriftlichen Unterschriften.

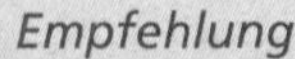

Empfehlung
Nutzen Sie Piktogramme/Symbole, um Zusammenhänge oder Zustände (z. B. Status offen = ☐, z. B. Status erledigt = ☑) zu kennzeichnen. Diese müssen selbstverständlich für alle nachvollziehbar sein.

Auf den Punkt gebracht

Im Protokollkopf werden die folgenden Fragen beantwortet:

- Für welche Veranstaltung wurde protokolliert?
- Wann fand die Veranstaltung statt?
- Wer hat daran teilgenommen?
- Welche Themen wurden besprochen (Tagesordnung)?

Halten Sie sich an die juristischen Vorgaben sowie an die kommunikative Etikette.

Im Protokollfuß geht es vor allem darum, mit den Unterschriften eine Verbindlichkeit anzuzeigen.

Juristische Vorgaben halten Sie bitte unbedingt ein. Sorgen Sie bitte andererseits auch mit Unterschriften am PC geschrieben für eine entsprechende Verbindlichkeit.

Mitschreiben und Ausfertigen

Wenn Sie ein Protokoll ausfertigen, brauchen Sie eine Grundlage. Das ist in der Regel Ihre Mitschrift von der Veranstaltung. Das Mitschreiben ist eine Tätigkeit, die sprachlich-kommunikatives Geschick verlangt. Folgende Fragen stehen im Mittelpunkt:

- Welche Informationen sollten aufgeschrieben werden?
- Was sind überflüssige Informationen?
- Was ist der Kern der Aussage?
- Welche Meinung ist wichtig, welche nicht?
- Wie ausführlich muss mitgeschrieben werden?
- Wie kann effektiv mitgeschrieben werden?

Diese und weitere Fragen sind abhängig von der Art des Protokolls. Bei einem Verlaufsprotokoll sollten Sie unbedingt die Knotenpunkte des Gespräches mitschreiben. Das bedeutet, Ihre Mitschrift wird umfangreicher sein. Bei einem Ergebnisprotokoll kann der Protokollant sich beim konkreten Verlauf etwas „zurücklehnen". Sie sollten dann aktiv mitschreiben, wenn die Ergebnisse festgehalten werden.

In einem ersten Punkt geht es zunächst um den sprachlichen Kontext. Nur wenn Sie diesen zumindest in Grundzügen kennen, ist ein Mitschreiben überhaupt möglich.

Kontextfaktoren

Sprachliche Äußerungen sind mehrdeutig. Das ist nichts Ungewöhnliches. Ein Wort hat nicht ihm innewohnende Bedeutungen. Ein Wort hat erst die Bedeutung, die die Teilnehmer der Kommunikation diesem zuweisen.

> ***Beispiel: Wort: Bank – Satz: Wir laufen alle zur Bank.***
> *Zum Kreditinstitut oder zur Sitzgelegenheit?*

Erst die Einbettung in eine bestimmte Kommunikationssituation ermöglicht uns ein Erschließen der Bedeutung. Auch die Integration eines Wortes in einen Satz kann in einigen Fällen noch keine eindeutige Bedeutungszuordnung ergeben.

Eine zentrale Rolle spielt in diesem Zusammenhang der Kontext.

Der Kontext ist allgemein ausgedrückt die Umgebungssituation einer Sprachhandlung. Die Teilnehmer einer Veranstaltung sollten also Wissen über die kommunikative Einbettung der Sprachhandlungen haben. Dazu gehören u. a.:

- Hintergrundwissen, z. B. über Wortbedeutungen und deren Wirkungen in einer bestimmten Situation
- Wissen über gesellschaftliche Traditionen, gesellschaftliche Zusammenhänge, aktuelle Diskussionen
- Wissen über mögliche Zielstellungen von Teilnehmern
- Allgemeines und mitunter spezielles Fachwissen zu den Themen der Veranstaltung

Die Äußerung eines Teilnehmers kann mitunter erst verstanden werden, wenn der Protokollant den Kontext versteht.

> *Beispiel: A sagt: „Das ist eine starke Leistung."*
> *Bedeutung: Es ist so gemeint: Es handelt sich um ein Lob.*
>
> *Bedeutung: Sarkastische Bedeutung: Es war eine schlechte Leistung.*

Sie wissen wenig zu einem Thema der Veranstaltung?

In Ihrer Verantwortung als Protokollant liegt es, den Kontext der einzelnen Tagesordnungspunkte im Vorfeld zu erschließen. Nur so können Sie dem Verlauf der Veranstaltung effektiv folgen und die wichtigen Sachverhalte mitschreiben.

Als Protokollant kennen Sie in der Regel die Tagesordnung im Vorfeld. Das bedeutet, Sie können sich ganz gezielt vorbereiten. Folgende Maßnahmen bieten sich an:

- **Fachwörter nachschlagen:** Begriffe, die Ihnen unbekannt sind oder die Sie nicht genau kennen, recherchieren Sie am besten im Vorfeld der Veranstaltung. Nutzen Sie Fachwörterbücher. Erkundigen Sie sich im Internet.
- **Experten befragen:** Es gibt in fast allen Unternehmen fachliche Experten zu den einzelnen Themen. Bitten Sie diese Experten, Ihnen in Kurzform die wichtigsten Eckpunkte eines Themas bzw. eines Fachwortes darzulegen.
- **Fachliteratur lesen:** Mitunter ist es auch notwendig, zu einem bestimmten Thema Fachartikel zu lesen. Sie finden dort meistens bereits am Anfang eine Zusammenfassung (Summary) oder am Ende wenigstens ein Resümee.

Alle drei Punkte gehören heute zu einer verantwortungsvollen Vorbereitung auf die Veranstaltung.

Neben dieser Vorbereitung auf eine Veranstaltung, die Sie ja selbst in der Hand haben, gibt es jedoch ein anderes leidiges

Problem. Es kommt immer wieder zu einem sprachlichen Imponiergehabe mit Fremdwörtern. Es handelt sich dabei nicht um Fachwörter im engeren Sinn. Es geht vielmehr darum, in einer Veranstaltung zu „glänzen".

Beispiel: Imponier-Sprache in einer Beratung.

„Wenn alle Mitarbeiterinnen und Mitarbeiter daran partizipieren sollen, müssen wir zunächst eruieren, ob der Sachverhalt die notwendige Relevanz aufweist. Dann können wir den intentionalen Rahmen abstecken und sukzessive vorgehen. Ich will ja nichts implementieren, was sich im Nachhinein als No-Go herausstellt."

Gegen dieses sprachliche Kauderwelsch kann sich kein Protokollant so richtig wappnen. Wichtig ist an dieser Stelle, dass Sie erkennen, dass es oft nicht wichtig ist. Sie sollten nicht nachgrübeln, was das alles zu bedeuten hat. Mit der Zeit kennt der Protokollant dann auch schon die Teilnehmer, die mit einer solchen Sprache auftreten.

Empfehlung

Wenn es in Ihrer Verwaltung bzw. in Ihrem Unternehmen Tendenzen zum Missbrauch der Sprache als Imponiergehabe gibt, dann ist es vielleicht sinnvoll, dieses Thema auf die Tagesordnung zu setzen. Sie werden vielleicht überrascht sein, wie viele erleichtert sind, wenn in einer klaren und präzisen Sprache formuliert wird.

Beispiel (Neufassung): Anmerkung im verständlichen Deutsch.
„Wenn der Sachverhalt für alle Mitarbeiterinnen und Mitarbeiter bedeutsam ist, dann stecken wir gemeinsam die Ziele ab und gehen dabei schrittweise vor. Somit vermeiden wir, dass die Einzelnen auf der Strecke bleiben."

Am besten konzentrieren Sie sich beim Mitschreiben auf die wirklichen Knotenpunkte der Veranstaltung und die Ergebnisse. Wenn Sie die Agenda studieren, können Sie vielleicht schon planen, welche Art von Ergebnissen (vgl. Ergebniskategorien) zu erwarten sind. Das schärft den Blick für das Mitschreiben.

Im Folgenden einige Tipps zum optimalen Mitschreiben.

Mitschreiben mit Stichwörtern

Sie können aufgrund der Sprechgeschwindigkeit kaum ganze Sätze mitschreiben. Vollständige Sätze festzuhalten, das ist mithilfe der Silbenschrift Stenografie vielleicht noch möglich. Aber für das moderne Protokoll ist dies nicht notwendig, zumal Stenografie kaum noch jemand aktiv beherrscht.

Sie notieren sich am besten nur Stichwörter. Diese können selbstverständlich abgekürzt werden. Das hat allerdings seine Grenzen, denn Sie sollten Ihre Mitschrift auch nach einer Woche noch entschlüsseln können. Darüber hinaus nutzen Sie allgemein übliche Abkürzungen.

Welche grammatische Wortart eignet sich am besten als Stichwort?

Grundsätzlich können Sie mit allen Wortarten mitschreiben. Aber aufgrund ihrer Eigenschaften, Bedeutungen und Zusammenhänge widerzuspiegeln, gibt es Favoriten.

Die wichtigsten Wortarten zum Mitschreiben sind:

- Substantive (Hauptwörter)
- Adjektive (Eigenschaftswörter)
- Verben (Tätigkeitswörter)

Wenn Sie von diesen drei Wortarten noch einmal einen Favoriten bestimmen, dann sind die Substantive die wertvollsten Stichwörter zum Mitschreiben.

Das liegt einerseits an deren Eigenschaft, Bedeutungskomponenten zu bündeln, insbesondere wenn Sie Zusammensetzungen (zusammengesetzte Substantive) bilden. Andererseits bilden sie mit ihren Bedeutungen bestimmte Knotenpunkte in unserem Wissensnetz ab. Sie sind also gut zu speichern und auch später wiederzufinden.

> ***Beispiele: Maßnahme → guter Knotenpunkt im Gehirn***
> *Maßnahmenkatalog → Präzisierung und Konkretisierung: wichtiger Umschaltpunkt im Gehirn. Woraus resultiert dieser Katalog? (Blick zurück). Was beinhaltet der Katalog? (Blick nach vorn).*
>
> *Adjektive stehen in der Regel im Vorfeld eines Substantivs. Sie beschreiben das Substantiv näher.*
>
> *Ausführlicher Maßnahmenkatalog*

Wenn Sie das Substantiv weglassen (nicht mitschreiben), wird es schwierig, beim Ausfertigen des Protokolls die Gesamtaussage zu rekonstruieren. Wenn Sie das Adjektiv nicht mitschreiben, verliert die Aussage an Bedeutung, aber der Kerngedanke bleibt erhalten.

Verben drücken die Handlung oder den Prozess aus. Deshalb sind die Verben in der Regel im Nachhinein gut zu ergänzen.

Ausführlicher Maßnahmenkatalog ist noch nicht erstellt.

Wenn Sie den Verbkomplex **„noch nicht erstellt"** *nicht mitgeschrieben haben, jedoch den Kern der Aussage mit dem Substantiv festgehalten haben, dann ist es sehr wahrscheinlich, dass Ihnen beim Ausfertigen des Protokolls die Handlung wieder einfällt.*

Darüber hinaus können Sie Verben oft durch Symbole ausdrücken und damit effektiv mitschreiben.

Das Durchstreichen symbolisiert „noch nicht erstellt".

Merke
Am besten schreiben Sie in Stichwörtern mit. Das sind in erster Linie Substantive (Hauptwörter).

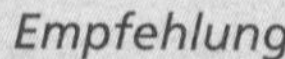

Empfehlung

Des Weiteren legen Sie sich ein Reservoir an Abkürzungen zurecht. Am besten, bekannte Muster nutzen.

- MA Mitarbeiter
- GF Geschäftsführung
- NL Niederlassung
- Kurzformen von bekannten Gesetzen: BGB, HGB, …
- Firmennamen in Kurzform
- …

Wichtige Abkürzungen

FL = Festlegung

FST = Feststellung

B = Beschluss

H = Hinweis

I = Information

Welche Substantive sind zum Mitschreiben und Rekonstruieren am besten geeignet?

Diese Frage ist nicht genau zu beantworten, weil jeder von uns ein etwas anderes Wissensnetz im Gehirn gespeichert hat. Und so kann es sein, dass wir über unterschiedliche

Wissens-Knotenpunkte verfügen oder einfach unser Herangehen unterschiedlich ist.

Es gibt Menschen, die lieber von den konkreten Begriffen auf die allgemeinen schließen (Bottom-up – von unten nach oben). Andere gehen von den abstrakten Begriffen zu den konkreten Begriffen über (Top-down – von oben nach unten). Allerdings gibt es auch Gemeinsamkeiten. Es gibt in verschiedenen Texten immer auch Schlüsselwörter zum Verständnis. Folgende Übung soll das demonstrieren.

Übung:

Situation: *Sie protokollieren die Sitzung eines Betriebsrates. Dabei geht es zunächst auch darum, die einzelnen Wortmeldungen als Knotenpunkte festzuhalten. Unterstreichen Sie bitte in jedem Satz Wörter, welche Sie als Schlüsselwörter auffassen und mitschreiben würden.*

Müller: „Die Einführung der Gleitarbeitszeit würden alle Kolleginnen und Kollegen begrüßen, weil Sie dann ihre Freizeit besser planen können. Das führt zu einer besseren Lebensqualität und damit zu einer größeren Motivation."

Lehmann: „Vergessen Sie mir aber nicht, dass wir eine Kernarbeitszeit benötigen …"

Müller: „Ja, ja, ist schon klar. Mir ist auch bewusst, dass wir an unseren Sprechtagen eine Besetzung der Büros bis 18:00 Uhr absichern müssen. Trotzdem bin ich dafür, die Gleitarbeitszeit einzuführen."

Lehmann: „Gut, dann legen wir folgende Kernarbeitszeit fest: 9:00 bis 16:00 Uhr, die Sprechzeiten regeln wir extra …"

Empfohlene Lösung:

- *Müller: Gleitarbeitszeit, Motivation*
- *Lehmann: Kernarbeitszeit notwendig*
- *Müller: Sprechtage bis 18 absichern*
- *Lehmann: F: Kernarbeitszeit 9 bis 16, Sprechzeiten extra regeln*

Es gibt nicht **die** Lösung für alle Protokollanten, weil unsere Gehirne unterschiedlich arbeiten. Schlüsselwörter sind auch nicht nur Substantive, wie in unserem Beispiel deutlich wird.

Empfehlung
Wenn Sie während der Veranstaltung Fachwörter hören, die Ihnen unbekannt sind, bitte nach Gehör aufschreiben. Die korrekte Rechtschreibung können Sie später nachschlagen.

Warum Zahlen mitschreiben?

Während einer Veranstaltung können ganz unterschiedliche Zahlen genannt werden:

- Zeitangaben
- Euro-Beträge
- Nummern von Paragraphen, Absätzen, Sätzen
- Technische Angaben: Breite, Höhe, Länge usw.
- …

Die meisten Menschen haben kein gutes Zahlengedächtnis. Wir benötigen auch viel zu lange, um Zahlen über das Kurzzeitgedächtnis in das Langzeitgedächtnis zu transportieren. Wir müssten Zahlen wie ein Mantra vor uns hersagen, damit wir uns diese einprägen. Das dauert einfach zu lange. Die Veranstaltung läuft weiter und wir haben die nächsten Punkte verpasst.

Aus diesem Grund war es in dem obigen Beispiel wichtig, die Uhrzeiten festzuhalten (Kernarbeitszeit 9 – 16, Sprechzeiten bis 18)

Merke
Zahlen bitte sofort mitschreiben, damit diese nicht verloren gehen. Hinterfragen Sie bitte auch nicht während des Mitschreibens, ob diese Zahlen wirklich wichtig sind und dann ins Protokoll aufgenommen werden. Zahlen „gedankenlos" mitschreiben. Gegebenenfalls melden Sie sich zu Wort und bitten um Wiederholung der Zahlen fürs Protokoll.

Visualisierungen in Mitschriften

Trotz allem ist die obige Mitschrift zur Gleitarbeitszeit noch nicht „rund". Es fehlen Zusammenhänge, Abhängigkeiten, Konsequenzen, ... Dafür nutzen Sie am besten Visualisierungsmöglichkeiten. Im Folgenden einige Vorschläge:

Pfeile und Linien	Bedeutung
→	Daraus folgt, daraus ergibt sich
↔	Sachverhalte hängen zusammen, bedingen sich

Satzzeichen	Bedeutung
Ausrufezeichen !	Etwas ist wichtig! Sehr wichtig !!
Fragezeichen ?	Was ist die Ursache?
Doppelpunkt:	Danach kommt Aufzählung von Sachverhalten oder die Darstellung einer Meinung
Symbole	**Bedeutung**
+/–	Pro/Kontra oder Vorteil/Nachteil
⚠	Vorsicht/Achtung
☺ / ☹	Zufriedenheit/Unzufriedenheit
✓	Erledigt
⚡	Idee/Vorschlag

Wörter, die immer wieder auftreten und keine Fachwörter sind, können Sie symbolisieren. Damit entlasten Sie Ihr Mitschreiben wesentlich.

Wortkurzformen	Bedeutung
E ⇀	Entwicklung
P →	Prozess
A ⊣	Abschluss

Beachten Sie bitte, dass die angegebenen Zeichen und Symbole immer individuell festzulegen sind. Darüber hinaus gibt es einige allgemein gültige Übereinkünfte, z. B.: Plus und Minus.

! ***Empfehlung***
Legen Sie sich ein Reservoir an Zeichen und Symbolen zurecht, die zu Ihrem Gehirn passen. Sie können kreativ sein. Diese Zeichen müssen nur Sie verstehen. Ihre Mitschrift ist nur für Sie bestimmt.

Wenn Sie Visualisierungsmittel nutzen, werden Sie sehr schnell feststellen, dass Sie vor allem Verben (Tätigkeitswörter), aber auch Adjektive in Ihren Mitschriften ersetzen können.

Beispiel: Ergänzung der Mitschrift

- *Müller: Gleitarbeitszeit → Motivation*
- *Lehmann: Kernarbeitszeit ⚠ (statt „notwendig")*
- *Müller: Sprechtage: bis 18 h absichern*
- *Lehmann: F: KAZ 9 – 16, SpZ. extra*

F = Festlegung

! ***Merke***
Wenn Sie Schlüsselwörter und Zahlen mit Zeichen und Symbolen (Visualisierungsmitteln) verbinden, können Sie Ihre Mitschreibtechnik effektivieren:

- Sie schreiben weniger Wörter mit. Ihr Aufwand sinkt.
- Zusammenhänge werden besser deutlich.
- Optische Mittel verankern sich besser im Gedächtnis.

Empfehlung

Wenn Sie handschriftlich mitschreiben, sind die Symbole, Linien usw. schnell gezeichnet. Wenn Sie mit Laptop mitschreiben, brauchen Sie eine entsprechende Technik. Heute kann auch auf dem Bildschirm mit einem speziellen Stift gezeichnet und damit den Vorteil der Handschrift ausgeglichen werden.

Für das Mitschreiben mithilfe von Symbolen, Piktogrammen usw. gilt, dass Sie sich die Formen im Vorfeld zurechtlegen und definieren.

Wie können Sie das Mitschreiben mit Schlüsselwörtern und Symbolen üben?

- Suchen Sie aus Zeitschriften bzw. Zeitungen die Rubrik Interview. Gehen Sie satzweise vor. Suchen Sie zunächst (wenige) Schlüsselwörter, die Sie mit Symbolen ergänzen und mit Linien verbinden.
- Hören Sie sich einen beliebigen Podcast an und versuchen Sie, die Technik anzuwenden.

Mitschreiben bei Präsentationen

Wenn während der Veranstaltung kleine oder größere Vorträge gehalten werden, gibt es für Sie als Protokollant für das Mitschreiben zwei Varianten.

Variante 1

Der Vortragende benutzt Folien (z. B. Power Point) – dann entwickeln Sie bitte keinen unnötigen Ehrgeiz und schreiben die Folien ab. Vielmehr wird der Vortrag als Anlage dem Protokoll beigefügt bzw. der Nachnutzer kann über einen Link im Intranet den Vortrag einsehen.

Merke

Sie nehmen in das Protokoll die Zusammenfassung des Vortrages auf. So kann der Nachnutzer zumindest das Wesentliche schnell erfassen. Wenn ihn dann Details interessieren, kann er in der Anlage nachlesen.

Wenn Sie bereits im Vorfeld über einen Vortrag informiert sind, fragen Sie am besten den Vortragenden, wie und in welcher Art und Weise Sie den Vortrag bzw. die Zusammenfassung ins Protokoll aufnehmen können.

Variante 2

Es gibt keine Folien oder andere Unterlagen. In diesem Fall sind Ihre Mitschreibetechniken gefragt – s. oben Seite 73 ff.

Übung: Resümee Messebesuch in Hannover (Ausschnitt):

Müller: „Insgesamt haben wir 76 Gespräche mit Kunden bzw. Noch-nicht-Kunden geführt. Bewährt hat sich in jedem Fall, dass wir den Gesprächspartnern die Anlage als Modell zeigen konnten. Die hatten dadurch einen hervorragenden Überblick und Einblick in die einzelnen Prozesse. Es wurde deutlich, dass die Kunden sich eine erhöhte Transportgeschwindigkeit am Fließband wünschen. Insbesondere bei der Befüllung sollten wir von 12 km/h auf 15 km/h erhöhen.

24 potenzielle Kunden und 23 Altkunden interessierten sich für die neue Anlage 247/2014 in der Ausführung mit dem automatischen Wechsel. Das sollten wir in unserer zukünftigen Entwicklung unbedingt verstärkt beachten. Insgesamt konnten wir 16 feste Bestellungen verbuchen und 12 Anfragen, bei denen jetzt noch eine Nachakquisition läuft. …"

Bitte fertigen Sie zu diesem Ausschnitt eines Vortrages eine Mitschrift an. Versuchen Sie bitte, den Text nur einmal zu lesen und beim Lesen sich Stichwörter bzw. Symbole zu notieren.

Mögliche Lösung:

76 KundenGespr.

Präs Modell!! → Überblick

Kunden: Transportgeschwindg. 12 auf 15 km/h → (Befüllung)

24 K? + 23 Altkunden Interesse: 247/2014 (automatischer Wechsel)

Bestellungen 16! + 12 Anfragen → Akquisition

Merke
Wenn Sie Vorträge, die nicht foliengestützt sind, mitschreiben, dann benötigen Sie neben einer starken Konzentration und ausgefeilten Mitschreibetechniken oft auch ein solides Kontextwissen.

Ihr Mitschreiben wird evtl. dadurch erleichtert, dass „Tonaufzeichnungen zur Erleichterung der Niederschrift" ausdrücklich zugelassen sind (vgl. u. a. § 42b Abs. 2 S. 3 BbgKVerf). Selbst wenn Tonaufzeichnungen erlaubt sind, verfolgen Sie bitte aufmerksam die Veranstaltung und verzichten Sie nicht auf Ihre eigenen Aufzeichnungen. Tonaufzeichnungen sind eine Hilfe, kein Ersatz.

Ausfertigen des Protokolls

Wenn Sie Ihre Mitschrift von einer Veranstaltung angefertigt haben, ist das noch nicht das Protokoll. Jetzt beginnt die Tätigkeit des Ausfertigens. Das heißt, Sie nehmen Ihre Mitschrift und formulieren daraus wieder einen Text, der gut zu erschließen ist.

Empfehlung
Am besten lassen Sie zwischen Mitschreiben und Ausfertigen nicht zu viel Zeit verstreichen. Auch bei einem guten Gedächtnis setzt der Prozess des Vergessens irgendwann ein und neue Entwicklungen überlagern die alte Veranstaltung. Zwischen Mitschrift und Ausfertigen des Protokolls vergehen am besten nicht mehr als drei Tage.

Prioritäten setzen

Als Erstes prüfen Sie bitte, was wirklich in das Protokoll gehört. Das heißt, es geht in einem ersten Schritt um Kürzen.

Priorität 1: Was muss in das Protokoll aufgenommen werden?

In jedes Protokoll gehören die Ergebnisse des jeweiligen Tagesordnungspunktes. Beachten Sie bitte: Auch kein Ergebnis ist ein Ergebnis. Die Ergebnisse können sein: Festlegungen, Feststellungen, Beschlüsse oder Informationen (s. Seite 22 ff.).

Merke
Jedes Protokoll ist im Kern immer ein Ergebnisprotokoll.

Priorität 2: Was kann in das Protokoll aufgenommen werden?

In das Protokoll können Knotenpunkte einer Veranstaltung (s. Seite 16) aufgenommen werden. Damit fertigen Sie dann ein Verlaufsprotokoll. Wenn das in einer Geschäftsordnung oder in einem Gesetz so festgelegt ist, kommen diese Knotenpunkte selbstverständlich zur Priorität 1. Das heißt, sie **müssen** aufgenommen werden.

Zur Priorität 2 gehören beispielsweise auch Hinweise oder Empfehlungen. Wenn diese weggelassen werden, wird das Protokoll nicht wertlos, aber vielleicht weniger wertvoll.

Priorität 3: Was gehört nicht in das Protokoll?

Keinesfalls gehören Ihre persönlichen Anmerkungen oder Bemerkungen ins Protokoll. Sie dürfen nichts aufnehmen, was nach der Veranstaltung erst eingetreten ist.

Sie sollten auch bei personenbezogenen Daten vorsichtig sein. Eindeutig nicht datenrechtlich geschützt ist allerdings die bloße Namensnennung. Wenn ein Mensch in einer Veranstaltung mit seinem Namen auftritt, dann gehen Sie bitte davon aus, dass er stillschweigend sein Einverständnis gegeben hat, seinen Namen zu verwenden. Alles andere wäre lebensfremd.

Priorität 4: Was gehört eventuell in ein Gespräch?

Sie als Protokollant sind in der Regel ein objektiver Beobachter. Ihnen fallen während der Veranstaltung vielleicht Dinge auf, die der Moderator übersieht. Zum Beispiel die ständige Überziehung der Redezeit durch einen Teilnehmer. Ins Protokoll dürfen Sie nicht schreiben: „Herr Muster überzieht ständig die Redezeit." Aber Sie können das Problem mit

Ihrem Moderator (= Vorsitzender des Gremiums) im Nachhinein besprechen.

Der Zusammenhang zwischen Protokollführung und Moderation wird ab Seite 120ff. noch einmal ausführlich thematisiert.

Merke
Wenn es um Fakten aus einem Vortrag geht, sind viele dieser Sachverhalte wichtig und genießen Priorität 1. Wenn es um Diskussionen geht, dann kann mit großer Sicherheit auf einzelne Wortmeldungen verzichtet werden, wenn diese keine Knotenpunkte der Diskussion darstellen.

Ausformulieren

Wenn Sie die Prioritäten gesetzt haben, geht es um das Ausformulieren. Im modernen Protokoll verzichten Sie am besten auf eine ausschließliche Darstellung in der Satzform. Solche Protokolle wirken aufgrund ihrer Länge schnell ermüdend und werden von den Nachnutzern kaum gelesen.

Bilden Sie kurze (Einleitungs-)Sätze:

- Frau X berichtet über Ergebnisse des Gespräches:
- Herr Y zieht folgende Bilanz:

Wechseln Sie dann in Stichwörter/Wortgruppen.

Eine Ausnahme stellen Protokolle im Konjunktiv dar. Wenn Sie Meinungen in der indirekten Rede wiedergeben und damit den Konjunktiv nutzen, benötigen Sie in jedem Fall die Satzform (Seite 91 ff.).

Die Mitschrift von Seite 83f. kann in folgendes Protokoll überführt werden.

Beispiel: Herr Müller zieht folgendes Messe-Resümee:

- *76 Kundengespräche*
- *Kundenmeinung: Transportgeschwindigkeit (Abfüllanlage) steigern: von 12 auf 15 km/h*
- *47 Kunden Interesse an 247/2014 (mit automatischem Wechsel)*
- *16 Bestellungen*
- *12 Anfragen, Akquisitionsgespräche laufen*

Gerade durch die Darstellung mit Spiegelstrichen erhält der Nachnutzer eine übersichtliche Struktur. Er hat eine Art Checkliste, die er dann „abfahren" kann. Diese Art von Protokollen lassen sich viel einfacher lesen und damit nutzen.

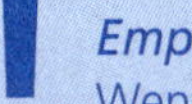

Empfehlung

Wenn Sie im Protokoll vollständige Sätze formulieren, so halten Sie sich am besten an folgende Tipps:

- Keine Schachtelsätze. Schreiben Sie Haupt- und Nebensatz nacheinander.
- Bilden Sie kurze Einleitungssätze (s. oben).
- Ein Satz hat am besten nur eine Länge von 12 Wörtern oder einer Zeile.

Auf den Punkt gebracht

Beim Mitschreiben nutzen Sie vor allem Substantive als Schlüsselwörter. Zahlen und unbekannte Fachwörter schreiben Sie sofort mit.

Ergänzen Sie Schlüsselwörter durch Symbole und Zeichen. Damit effektivieren Sie Ihre Mitschreibtechnik wesentlich.

Beim Ausfertigen des Protokolls kürzen Sie zuerst auf Prioritäten 1 (muss ins Protokoll) und evtl. Prioritäten 2 (kann ins Protokoll).

In einem zweiten Schritt formulieren Sie in kurzen Sätzen bzw. mit Wortgruppen. Aufzählungen mit Spiegelstrichen erleichtern das Lesen für den Nachnutzer.

Sprachliche Darstellung im Konjunktiv

In einigen Gremienprotokollen ist es notwendig, Knotenpunkte der Veranstaltung in das Protokoll aufzunehmen. Es geht um die Wiedergabe von Meinungen, die die Diskussion voranbringen, oder von Meinungen, bei denen der Autor glaubt, dass diese wichtig sind.

In jedem Fall werden diese Meinungen im Protokoll in der grammatischen Form des Konjunktivs dargestellt. Im Folgenden erfahren Sie Grundsätzliches zur Bildung und Anwendung des Konjunktivs im Protokoll.

Bedeutung des Konjunktivs

Der Konjunktiv wird umgangssprachlich als „Möglichkeitsform" bezeichnet. Diese Kennzeichnung für ein mögliches Geschehen macht diese grammatische Form für das Protokoll interessant. Folgendes Beispiel soll das demonstrieren.

- Herr Müller: „Das Projekt Parkplatzneubau muss bis zum Jahresende abgeschlossen sein. Es kann nicht weiter hingenommen werden, dass die Mitarbeiterinnen und Mitarbeiter einen Kilometer von der Firma entfernt parken."
- Frau Lehmann: „Zunächst ist es notwendig, ein zuverlässiges Bodengutachten zu erstellen. Erst dann kann mit den Baumaßnahmen begonnen werden. Sicherheit geht vor! Herr Müller verletzt Bauvorschriften."

Angenommen, Sie sollten diese Diskussion protokollieren. Dann bringen Sie die Aussagen zunächst in die Normalform Indikativ (= Wirklichkeitsform).

- Herr Müller fordert, dass das Projekt Parkplatzneubau bis zum Jahresende abgeschlossen sein muss. Es kann nicht weiter hingenommen werden, dass die Mitarbeiterinnen und Mitarbeiter einen Kilometer von der Firma entfernt parken.
- Frau Lehmann erwidert, dass es zunächst notwendig ist, ein zuverlässiges Bodengutachten zu erstellen. Erst dann kann mit den Baumaßnahmen begonnen werden. Sicherheit geht vor! Herr Müller verletzt die Bauvorschriften.

Die Wirkung des Indikativs besteht darin, dass Sie alles Gesagte für wahr erklären. Aber, in einer Diskussion prallen unterschiedliche Meinungen aufeinander. Wo liegt die Wahrheit? Wer sagt die Wahrheit? Es ist nicht Aufgabe der Protokollführung, die Wahrheit zu suchen, sondern es geht um die objektive Darstellung des Geschehens. In diesem Zusammenhang hilft die Darstellungsweise im **Konjunktiv (= Möglichkeitsform)**.

- Herr Müller fordert, dass das Projekt Parkplatzneubau bis zum Jahresende abgeschlossen sein **müsse**. Es **könne** nicht weiter hingenommen werden, dass die Mitarbeiterinnen und Mitarbeiter einen Kilometer von der Firma entfernt parken **würden.**
- Frau Lehmann erwidert, dass es zunächst notwendig **sei**, ein zuverlässiges Bodengutachten zu erstellen. Erst dann **könne** mit den Baumaßnahmen begonnen werden. Sicherheit **gehe** vor! Herr Müller **verletze** die Bauvorschriften.

Mit den Konjunktivformen schreiben Sie aus der Sicht der Protokollführung nichts fest. Sie geben Meinungen, Wertungen, Forderungen objektiv als Möglichkeit wieder.

Merke
Der Konjunktiv drückt eine Möglichkeit, keine Unmöglichkeit aus. Das heißt, alle Aussagen können auch wahr sein.

Die Konjunktivformen sind auch eine Art Schutz der Protokollführung. Dies betrifft insbesondere Wertungen sowie Behauptungen. Der letzte Satz des Beispiels lautet im Indikativ:

- Herr Müller verletzt die Bauvorschriften.

Damit würde die Protokollführung sich auf die Seite von Frau Lehmann schlagen. Herr Müller würde eventuell protestieren. Der Streit um die Darstellung im Protokoll ist vorhersehbar. Im Konjunktiv lautet die Formulierung:

- Herr Müller **verletze** die Bauvorschriften.

Damit zeigen Sie an, dass es möglicherweise so ist. Herr Müller kann bei einer solchen Darstellung im Protokoll grundsätzlich nichts einwenden. Aber, es ist natürlich das Fingerspitzengefühl der Protokollführung, ob solche Bewertungen überhaupt aufgenommen werden. Für die Darstellung der Diskussion – und nur darum geht es im Protokoll – hat diese Meinungsäußerung keinen Wert.

Rechtliche Wirkung von Äußerungen

Die Abgeordneten des Bundestages und der Landtage können wegen ihrer Äußerungen im Parlament strafrechtlich nicht verfolgt werden. Wenn im Parlament Äußerungen fallen, die strafrechtlich erheblich sind, können diese strafrechtlich nicht als Beleidigung verfolgt werden. Das trifft z. B. auf die Äußerung des ehemaligen Bundestagsabgeordneten

Joschka Fischer gegenüber dem Präsidenten des Bundestages *„Mit Verlaub, Herr Präsident, Sie sind ein Arschloch"* zu.

Auch in sonstigen Gremien bzw. Versammlungen (z. B. Eigentümerversammlung, Vereinssitzung, …) steht den Mitgliedern das Recht zu, ihr freies Mandat auszuüben. Das heißt, sie können sich zu Recht auf die Wahrnehmung berechtigter Interessen berufen. Dies bedeutet, Ihnen steht für strafrechtlich erhebliche Äußerungen in Gremien bzw. Versammlungen in aller Regel ein Rechtfertigungsgrund zur Seite. Daher können sie im Normalfall für eine strafrechtlich erhebliche Äußerung nicht belangt werden; dies gilt jedenfalls für Äußerungen während einer Diskussion.

> ***Beispiel: Anwendung des Konjunktivs bei der Polizei***
> *Brisant ist die Darstellung von Zeugenaussagen bei der Polizei. Der Zeuge behauptete:*
>
> - *„Zu der genannten Tatzeit bin ich nicht im Haus gewesen!"*
>
> *Protokoll im Konjunktiv:*
>
> - *Der Zeuge behauptet, dass er zur genannten Tatzeit nicht im Haus gewesen sei.*
>
> *Die Aufgabe der Polizei ist es, in einer Vernehmung die Aussagen objektiv in einem Protokoll festzuhalten. Dem Richter beim Gericht obliegt es, durch Befragungen die Wahrheit herauszufinden.*

Bildung des Konjunktivs

Das grammatische Herleiten des Konjunktivs aus den Indikativformen ist mitunter schwierig. Wenn wir Konjunktiv gebrauchen, benutzen wir diese Formen als Muttersprachler in der Regel unbewusst. Vor allem geschieht das in der mündlichen Kommunikation. Hier sind die Konjunktivformen oft Ausdruck der Höflichkeit.

> ***Beispiele für Fragen:***
> *„Würden Sie mir bitte bei dieser Aufgabe helfen?"*
>
> *„Könnten Sie mir bitte den Weg zeigen?"*
>
> *„Möchten Sie noch ein Stück Schokolade?"*
>
> *„Ich würde gern das Projekt übernehmen."*

Auch wenn nicht in jedem Protokoll der Konjunktiv benötigt wird, sollte jeder, der damit in Berührung kommt, zumindest das Herleiten der wichtigsten Formen beherrschen.

Die Konjunktivformen werden aus den Indikativformen der jeweiligen Zeitstufen abgeleitet. Die Zeitstufe Futur (Zukunft) wird in dieser Darstellung nicht betrachtet. Von den Futur-Formen (Zukunftsformen) können zwar Konjunktivformen gebildet werden, aber dies ist nicht notwendig, da die Aussage in der Zukunftsform schon eine Möglichkeit darstellt.

> ***Beispiel für Zukunftsformen:***
> *Sie wird das Projekt zu Ende führen. Zeitstufe Futur: wird = Möglichkeit*
>
> *Sie werde das Projekt zu Ende führen. Zeitstufe Futur: werde = Konjunktiv = Möglichkeit*

Im Folgenden wird die Bildung des Konjunktivs anhand der 3. Person Einzahl (er, sie) erläutert. Das sind die häufigsten Fälle beim Protokollieren.

Zeitstufe	Indikativ (= Wirklichkeit)	Konjunktiv (= Möglichkeit)	Kommentar
Präsens	Er plant das Projekt. Sie fährt zum Kongress.	Er plane das Projekt. Sie fahre zum Kongress.	Die Konjunktiv-Formen werden gebildet, indem an den Wortstamm ein „e“ angehängt wird.
Perfekt	Er hat das Projekt geplant. Sie ist zum Kongress gefahren.	Er habe das Projekt geplant. Sie sei zum Kongress gefahren.	Im Perfekt wird der Konjunktiv mithilfe des Hilfsverbs gebildet. Aus „hat“ wird „habe“. Aus „ist“ wird „sei“.
Präteritum	Er plante das Projekt. Sie fuhr zum Kongress.	Er würde das Projekt planen. (Sie führe zum Kongress.) Sie würde zum Kongress fahren.	Im modernen Deutsch wird die Konjunktivform im Präteritum meistens mit „würde“ umschrieben. Die anderen Formen (wie „führe“) sind nicht falsch, wirken aber veraltet.
Plusquamperfekt	Er hatte das Projekt geplant. Sie war zum Kongress gefahren.	Er hätte das Projekt geplant. Sie wäre zum Kongress gefahren.	Im Plusquamperfekt wird der Konjunktiv mithilfe des Hilfsverbs gebildet. Aus „hatte“ wird „hätte“. Aus „war“ wird „wäre“.

Wenn Sie die einzelnen Zeitstufen im Konjunktiv vom Präsens bis zum Plusquamperfekt betrachten, dann wird die Darstellung des Geschehens immer unrealistischer. Das heißt, die Möglichkeit, dass die Aussage wahr wird, nimmt ab. Deshalb gibt es in der Grammatik folgende Unterscheidung:

Konjunktiv I

Die Formen vom Präsens und vom Perfekt werden in der Grammatik als Konjunktiv I bezeichnet.

- Er **plane** das Projekt.
- Sie **fahre** zum Kongress.
- Er **habe** das Projekt geplant.
- Sie **sei** zum Kongress gefahren.

→ **Möglichkeit vorhanden.**

Bei diesen Formen ist eine reale Möglichkeit, dass das Geschehen wahr wird, gegeben.

Merke
Zur Darstellung der direkten Rede aus der Veranstaltung wird bei der indirekten Rede im Protokoll in der Regel der Konjunktiv I verwendet.

Konjunktiv II

Die Formen vom Präteritum und Plusquamperfekt werden in der Grammatik als Konjunktiv II bezeichnet.

Bei den Präteritum-Formen ist die Möglichkeit, dass die Aussage wahr wird, zu bezweifeln – allerdings besteht keine Unmöglichkeit.

- Er **würde** das Projekt planen.
- Sie **führe** zum Kongress. Oder –
- Sie **würde** zum Kongress fahren.

→ **Möglichkeit eingeschränkt.**

Bei den Plusquamperfekt-Formen werden Irrealitäten dargestellt. Das heißt, das Geschehen ist nicht wahr. Es handelt sich um Hypothesen.

- Er **hätte** das Projekt geplant.
- Sie **wäre** zum Kongress gefahren.

→ **Möglichkeit nicht mehr vorhanden.**

Der Konjunktiv II ist zur objektiven und neutralen Darstellung des Sachverhaltes als Möglichkeit nicht geeignet. Sie würden einen Teilnehmer geradezu verfälschen, wenn Sie seine Aussage (Präsens oder Perfekt) im Konjunktiv II darstellen.

Beispiel: Müller: „Es muss ein neuer Kopierer angeschafft werden."

- *Konjunktiv I: Er sagt, dass ein neuer Kopierer angeschafft werden müsse.*

= Korrekte Wiedergabe

- *Konjunktiv II: Er sagt, dass ein neuer Kopierer angeschafft werden müsste.*

= Falsche Wiedergabe, Aussage wird zur Hypothese

Ausnahmen

In welchen Fällen benutzen Sie doch ausnahmsweise Konjunktiv II?

Wenn der Teilnehmer selbst den Konjunktiv II benutzt, sollten Sie als Protokollführung selbstverständlich auch diesen benutzen.

> ***Beispiel: Ausnahme: Darstellung im Konjunktiv II.***
>
> - *„Hätte die Geschäftsführung mich mehr unterstützt, hätte ich das Projekt sicher erfolgreich abgeschlossen."*
> - *Korrekt im Konjunktiv II: Hätte die Geschäftsführung sie mehr unterstützt, hätte sie das Projekt sicher erfolgreich abgeschlossen.*

Wenn Sie beispielsweise eine Äußerung in der 3. Person Mehrzahl (Zeitstufe Präsens) protokollieren wollen, dann gibt es keine spezielle Konjunktiv-Form.

> ***Beispiel: Sie planen das Projekt. (Konjunktiv I = Indikativ)***
>
> *In diesem Fall stellen Sie die indirekte Rede durch eine Umschreibung mit „würde" dar.*
>
> *„Sie würden das Projekt planen." (Korrekt im Konjunktiv II)*
>
> *Nur so können Sie sprachlich anzeigen, dass es sich um indirekte Rede handelt.*

Einleitende Verben und Satzbau

Wenn Sie Wortmeldungen in der indirekten Rede wiedergeben, benötigen Sie Verben, die den Nebensatz einleiten. Das Verb „sagen" ist sachlich-neutral, aber das Protokoll wird aus der Sicht der Leser schnell langweilig, wenn Sie immer nur dieses eine Verb benutzen.

Suchen Sie Verben, die den tatsächlichen Verlauf einer Veranstaltung charakterisieren! Im Folgenden eine kleine Auswahl:

- ablehnen, anregen, auffordern, aufzeigen, sich aussprechen für
- bedauern, befürchten, befürworten, begründen, begrüßen, behaupten, bekennen, betonen, bezweifeln, billigen, bitten
- darlegen
- sich einsetzen für, ergänzen, erklären, erläutern, ersuchen, erwägen
- hervorheben, hinweisen auf, hinzufügen, hoffen
- informieren
- kritisieren
- plädieren für
- raten
- sagen, schildern, schlussfolgern
- unterrichten
- verallgemeinern, vorschlagen
- warnen, wünschen
- überzeugt sein

Merke
Verwenden Sie im Protokoll diese einleitenden Verben mit Fingerspitzengefühl. Diese sollen den tatsächlichen Verlauf widerspiegeln, aber keine Provokationen darstellen.

Beispiel: „Ich bezweifle, dass Herr Müller diesen Termin halten kann."

Eventuell provokativ: Er bezweifelt, dass Herr Müller diesen Termin halten könne.

- *Besser: Er bezweifelt, dass dieser Termin gehalten werden könne.*

Satzbau

Vom Satzbau haben Sie bei der Darstellung der indirekten Rede zwei Möglichkeiten:

- Nebensatzeinleitung mit Bindewort (Konjunktion)

  Er betont, **dass** die Fassade erneuert werden müsse.

- Uneingeleiteter Nebensatz (ohne Bindewort)

  Er betont, die Fassade müsse erneuert werden.

! *Empfehlung*
Benutzen Sie am besten im Protokoll die Variante mit dem Bindewort. Diese ist einfacher und besser zu verstehen. Der uneingeleitete Nebensatz ist die hochsprachliche Variante und für Schriftsteller sicherlich ein Muss.

In welchen Protokollabschnitten verwenden Sie niemals Konjunktiv?

- Ergebnisse dürfen Sie niemals im Konjunktiv (Möglichkeitsform) darstellen. Auf Ergebnisse muss sich 100-prozentig verlassen werden können. Also nicht:

- Wir würden eine Brücke bauen.
- Sondern: Wir bauen eine Brücke.

Wenn Sie Informationshandlungen (Präsentationen, Vorträge, …) im Protokoll mit Sätzen darstellen, gehen wir zunächst grundsätzlich davon aus, dass der Redner die Wahrheit spricht. Deshalb: Darstellung im Indikativ (Wirklichkeitsform). Sonst müssten wir alles Gesagte in Zweifel ziehen.

Merke
Der Konjunktiv kommt vor allem im Verlaufsprotokoll zur Anwendung, wenn unterschiedliche Standpunkte, Meinungen aufeinanderprallen.

Dann bleiben Sie mit dem Konjunktiv objektiv.

Zeitliche Darstellung im Protokoll

Aus grammatischer Sicht bilden Sie den Konjunktiv von bestimmten Zeitstufen. Aber aus logischer Sicht geht die Zeitbedeutung der Konjunktivformen verloren oder rückt in den Hintergrund. Welche Zeitbedeutung hat eine Möglichkeit? Aus logischer Sicht schwer zu beantworten.

Dazu kommt, dass Sie das Geschehen im Protokoll als Gegenwart darstellen (s. Seite 9). Wenn Sie Ihre Mitschriften zur Hand nehmen und das Protokoll ausfertigen, tun Sie so, als wären Sie jetzt live bei der Veranstaltung dabei. Ein Protokoll ist als ein Live-Mitschnitt einer Veranstaltung zu betrachten und steht deshalb in der grammatischen Zeitstufe Präsens.

Merke
Die Einleite-Verben stehen in der Zeitstufe Präsens.

Konjunktiv in jedem Protokoll?

Das Hauptfeld der Anwendung des Konjunktivs in der Protokollführung ist die Wiedergabe von Meinungen, das heißt, es betrifft Diskussionen. Daraus folgt, dass die Anwendung von Konjunktivformen sich auf Verlaufsprotokolle beschränkt (s. oben).

Folgendes Beispiel demonstriert die Problematik:

Es geht in der **Diskussion** *um die Aussprache über Verzögerungen bei einem Bauprojekt.*

Frau Lehmann: „Es kam zu diesen Verzögerungen doch nur, weil die Planungen nicht gründlich genug durchgeführt worden sind."

Herr Müller: „Man kann doch aber nicht alle Details voraussehen. Es konnte doch niemand ahnen, dass wir Blindgänger aus dem II. Weltkrieg finden."

Frau Schulz: „Ich schlage vor, dass wir noch einmal ein Bodengutachten in die Richtung Weltkriegsmunition anfertigen lassen."

Frau Lehmann: „Dann kommen wir doch noch weiter in Verzug."

Frau Schulz: „Sicherheit steht aber an der ersten Stelle. Wir können es nicht riskieren, dass es zu Unfällen kommt.

Ich werde deshalb die Firma XY mit einem detaillierten Gutachten beauftragen."

Ein **ausführliches Verlaufsprotokoll** *stellt sich folgendermaßen dar:*

Frau Lehmann beklagt Verzögerungen, weil die Planungen nicht gründlich genug durchgeführt worden seien.

Herr Müller erwidert, dass nicht alle Details wie Blindgänger aus dem II. Weltkrieg voraussehen hätte könne.

Frau Schulz schlägt daraufhin vor, ein entsprechendes Bodengutachten anzufertigen.

Frau Lehmann wendet ein, dass es dann zu weiteren Verzögerungen komme.

Festlegung: Die Firma XY wird beauftragt, ein detailliertes Bodengutachten über Weltkriegsmunition anzufertigen.

Kommentar: *Die einzelnen Wortbeiträge werden komprimiert, aber in indirekter Rede dargestellt. Es entsteht ein Stimmungsbild zum Verlauf der Diskussion. Ob das notwendig ist, entscheidet die Protokollführung in Absprache mit der Moderation bzw. dem Vorsitzenden.*

Die Festlegung wird im Indikativ (Wirklichkeitsform) dargestellt!

Ein **verkürztes Verlaufsprotokoll** *sieht folgendermaßen aus:*

Die Teilnehmer erörterten die Gründe für den Bauverzug am Objekt XY. Als Grund wird der Munitionsfund genannt. Aufgrund von Sicherheitsbedenken wird folgende Festlegung getroffen:

Die Firma XY wird beauftragt, ein detailliertes Bodengutachten über Weltkriegsmunition anzufertigen.

Kommentar: *Die einzelnen Wortmeldungen werden nicht mehr wiedergegeben. Eine Darstellung in der indirekten Rede (im Konjunktiv) ist somit nicht mehr notwendig. Die Diskussion wird zusammengefasst.*

Die Festlegung wird selbstverständlich auch hier im Indikativ (Wirklichkeitsform) dargestellt!

Darstellung im Ergebnisprotokoll

Die Firma XY wird beauftragt, ein detailliertes Bodengutachten über Weltkriegsmunition anzufertigen.

Oder noch kürzer:

Festlegung: Auftrag an Firma XY: Bodengutachten über evtl. Weltkriegsmunition

Kommentar: *In einem Ergebnisprotokoll entfallen sämtliche Wortmeldungen, auch Zusammenfassungen darüber. Es kommt zwar zum Informationsverlust, aber der Empfänger erfährt das Wesentliche, das Ergebnis.*

Auf den Punkt gebracht

Mit Hilfe des Konjunktivs I können Sie Redebeiträge in einer objektiven und neutralen Form (in indirekter Rede) darstellen.

Die Anwendung des Konjunktivs beschränkt sich auf die ausführliche Form des Verlaufsprotokoll.

Im Ergebnisprotokoll und damit auch immer dann, wenn gefasste Beschlüsse wiedergegeben werden, benötigen Sie keine indirekte Rede und damit keinen Konjunktiv.

Management rund ums Protokoll

Vorbereitung

Der Protokollant ist im Vorfeld einer Veranstaltung bereits aktiv. Es sind verschiedene Vorbereitungen zu treffen:

- Kommunikative Vorbereitung
- Organisatorisch-technische Vorbereitung
- Psychologische Vorbereitung

Im Folgenden werden die einzelnen Maßnahmen erörtert.

Kommunikative Vorbereitung

In der Hand des Protokollanten liegt in der Regel das Versenden der Einladung. Das ist eine traditionelle Aufgabe der Protokollführung. Das Einladungsschreiben sollte folgende Punkte enthalten:

- Wer lädt ein? Absender
- Wozu wird eingeladen? Titel bzw. Thema der Veranstaltung
- Wann findet die Veranstaltung statt?
- Wo findet die Veranstaltung statt?
- Mit welcher Tagesordnung findet die Veranstaltung statt?
- Welche Vorlagen/Unterlagen erhalten die Teilnehmer mit der Einladung?
- Wer ist der Vorsitzende der Veranstaltung? Wer führt Protokoll? (falls nicht bereits vorgegeben und feststehend)

Diese Angaben dienen dem Empfänger als grundsätzliche Orientierung und sollten bei keiner Veranstaltung fehlen. Nur so haben die Teilnehmer die Möglichkeit, sich vorzubereiten und zum angegebenen Zeitpunkt am richtigen Ort zu sein.

Bei der Sitzung eines ständigen Gremiums (z. B. bei einer Sitzung der Gemeindevertretung) spielt darüber hinaus die fristgerechte Einladung der Mitglieder dieses Gremiums für die Rechtmäßigkeit der Sitzung eine entscheidende Rolle. Sie ist sozusagen Grundvoraussetzung, die Sitzung überhaupt ordnungsgemäß abhalten zu können.

Dabei kommt es – wie bereits angedeutet – auf die „fristgerechte Einladung" an. Was fristgerecht ist, wird durchaus unterschiedlich gesehen, je nachdem, wie die Einladungsfrist z. B. in der Geschäftsordnung definiert wird. Es können „sieben Werktage ab Aufgabe der Einladung zur Post" sein; es kann aber auch „mit einer Frist von zwei Wochen" eingeladen werden; es ist auch möglich, z. B. mit einer „Frist von zwei Wochen ab Bekanntgabe (= Eingang) beim Gemeindevertreter" einzuladen. Wichtig ist, dass sich der Einladende darüber im Klaren ist, ob eine Einladungsfrist festgelegt und wie lang diese bemessen ist.

Beispiel für eine Einladung

Verband der Hummelfreunde e. V.

Frau

Dr. Susanne Hummel

Kreuzweg 17

01010 Hummelhausen *17. März 202X*

Einladung Delegiertenversammlung

Sehr geehrte Frau Dr. Hummel,

Sie sind sehr herzlich zu unserer diesjährigen Delegiertenversammlung eingeladen.

Wann?	*7. April 202X, von 10:00 bis ca. 15:00 Uhr*
Wo?	*Vereinsheim der Hummelfreunde Nordstadt*
	Brandenburger Weg 22, 15015 Nordstadt

Tagesordnung

1. Eröffnung und Begrüßung

2. Feststellen der Beschlussfähigkeit

3. Kassen- und Rechenschaftsbericht

4. Entlastung des Vorstandes

Pause: Imbiss

5. Wahl des neuen Vorstandes

6. Termine und Sonstiges

Als Anlage erhalten Sie den Kassen- und Rechenschaftsbericht.

Wenn Sie Fragen zur Veranstaltung haben, wenden Sie sich bitte an Frau Steiger (0123 4567-89).

Wir wünschen Ihnen eine angenehme Anreise. Parkplätze stehen in ausreichender Anzahl zur Verfügung.

Freundliche Grüße

Max Muster

Anlage

Kassen- und Rechenschaftsbericht

PS: *Als Anlage erhalten Sie eine Anfahrtsskizze.*

Neben dem Versenden des Einladungsschreibens ist der Protokollant oft der Anlaufpunkt für alle Rückmeldungen. Das heißt, hier schlägt das „Herz der Veranstaltungs-Koordination".

- Absagen werden entgegengenommen
- Wünsche/Ergänzungen werden registriert
- Fragen zur Organisation können beantwortet werden
- …

Im Einladungsschreiben ist also unbedingt ein Ansprechpartner mit seinen Kommunikationsverbindungen anzugeben.

Empfehlung
Mitunter gibt es bei größeren Veranstaltungen ein Rahmenprogramm. Dann sind im Einladungsschreiben weitere Angaben wichtig:

- Werden Übernachtungen gewünscht?
- Welche Fahrmöglichkeiten zum Veranstaltungsort werden angeboten?
- Welche Kleiderordnung ist zu empfehlen?
- …

Merke
Eine Einladung mit Tagesordnung sichert den Erfolg einer jeden Veranstaltung. Mit der Anmeldung wird das Einverständnis erklärt, in die zu veröffentlichende Teilnehmerliste aufgenommen zu werden.

Organisatorisch-technische Vorbereitung

Bei dieser Vorbereitung handelt es sich um die unmittelbare Sicherstellung der Veranstaltung.

Ein ganz zentraler Punkt ist dabei die **Technik**. Das heißt, der Protokollant hat zunächst zu erfassen, welche Technik benötigt wird, z. B. von Referenten (Laptop, Beamer, Projektionswand, …).

Darüber hinaus geht es um Technik, die **möglicherweise** benötigt wird, z. B. in einer Diskussion/Erörterung. Das sind u. a. Flipchart, Metaplanwand mit Karten, White-Board. Eventuell benötigen Sie bei größeren Veranstaltungen eine Audio-Anlage.

Wenn Sie die Technik bereitstellen, ist immer eine Funktionsprobe notwendig:

- Kommuniziert der Beamer mit dem Laptop?
- Funktionieren Verdunklungsmöglichkeiten?
- Ist genügend Papier am Flipchart?
- Schreiben die Stifte?
- Welche Übertragung sichert die Audio-Anlage?
- …

Empfehlung
Für Ihr Gewissen (psychologische Vorbereitung), aber auch für den Ernstfall haben Sie am besten immer eine Ersatzvariante in der Hinterhand.

Sie sorgen als Protokollant für die notwendigen **Unterlagen**. Das können sein:

- Beschlussvorlagen
- Kopien von Vorträgen/Berichten
- Agenda
- Organisatorische Hinweise
- Teilnehmerliste

Am besten werden die entsprechenden Kopien für jeden Teilnehmer in einer Mappe zusammengefasst.

Empfehlungen

- Sie sind als Protokollant zuerst im Veranstaltungsraum. Sie können noch einmal alles prüfen bzw. die Teilnehmer begrüßen. Damit gewinnen Sie Sicherheit.
- Ein ganz wichtiger Punkt vieler Veranstaltungen ist das Bereitstellen von Verpflegung/Getränken. Getränke sollten für jede Veranstaltung Pflicht sein. Denn unser Körper kann zwar einige Zeit ohne Essen auskommen, ohne Trinken ist das kaum möglich. Daneben befördern Getränke aber auch die Veranstaltungsatmosphäre.
- Sorgen Sie für eine gute Mischung an Getränken. Saft, Wasser (mit und ohne Kohlensäure), Kaffee, verschiedene Sorten Tee. Alles liebevoll platziert, das ergibt ein gutes Veranstaltungsklima.

- Verpflegung sollte bei längeren Veranstaltungen eingeplant werden. Oft reichen kleine Snacks oder verschiedenes Obst. Auch Kekse sind ganz beliebt, auch wenn sie nicht dem Diätplan entsprechen. Bei noch längeren Veranstaltungen sollten Sie dann eine entsprechende Bewirtung einplanen.
- Bei Verpflegung und Getränken sollten Sie nicht sparen. So paradox das erscheinen mag, aber manche Veranstaltungen werden aus der Perspektive bewertet: „Wie war die Versorgung?"
- Prüfen Sie, was Sie an Technik benötigen. Probieren Sie alles im Vorfeld aus. Halten Sie Ersatzvarianten bereit.

Psychologische Vorbereitung

Bereits im Vorwort wurde darauf hingewiesen, dass die Einstellung zur Protokollführung eine wichtige Rolle spielt. Wenn Sie Angst vor dem Protokollieren haben oder ständig im Kopf eine negative Einstellung haben („Das geht bestimmt schief."), dann werden Sie sich immer wieder beweisen, dass es schiefgeht. Besser ist es, Sie legen sich folgende Grundsätze zurecht:

- Es gibt nicht das perfekte Protokoll. Ich kann mich immer verbessern!
- Es gibt Hilfe. Es ist keine Schande zu fragen. Ich hole mir Unterstützung!
- Es ist eine Chance, sich zu profilieren. Ich nutze meine Chance!

Die positive innere Einstellung zu einer Tätigkeit hilft den Handelnden in jeder Situation, die Herausforderungen besser zu meistern. Das gilt natürlich auch für das Protokollieren. Ihre Einstellung lautet am besten: „Ich schaffe das!"

Empfehlung

Protokollführung ist eine Herausforderung für Ihre Psyche und Ihre körperliche Fitness. Zuhören und Mitschreiben kosten Energie. Sorgen Sie für Ihre Energie, z.B. durch kleine Energieriegel und genügend Getränke.

Ein weiterer Punkt der psychologischen Vorbereitung ist die Klärung Ihrer Rolle als Protokollant: Was darf während der Veranstaltung gemacht werden? Was ist nicht gewünscht?

Klären Sie diesen Punkt mit dem Moderator bzw. dem Vorsitzenden der Veranstaltung. Folgende grundsätzliche Frage sollten Sie klären:

Darf/soll der Protokollant während der Veranstaltung sich zu Wort melden?

Es geht im Einzelnen um folgende Situationen:

Ein Teilnehmer hat zu schnell bzw. undeutlich gesprochen

Bitte um Wiederholung:

„Ich möchte das gern zu Protokoll nehmen. Könnten Sie den Sachverhalt bitte noch einmal wiederholen?"

Diese Art der Wortmeldung sollte selbstverständlich sein.

Ein Ergebnis ist nicht ganz klar und deutlich formuliert

Vergewisserungsfrage des Protokollanten:

„Ich habe jetzt zu Protokoll genommen: Herr Müller wird – so bald es ihm möglich ist – ein Mitarbeitergespräch führen. Ist das so korrekt?"

In diesem Fall sollten die Teilnehmer den Sachverhalt präzisieren (z. B. „bis zum Ende des Monats" statt „sobald es ihm möglich ist"). Es ist nicht die Aufgabe der Protokollführung Sachverhalte zu präzisieren oder gar zu interpretieren. Aber es sollte Ihre Aufgabe sein, Unklarheiten anzusprechen.

Wenn nach einer Anfrage der Protokollführung die Aussage kommt „Das kommt nicht ins Protokoll!", dann haben Sie in jedem Fall auch eine klare Handlungsanweisung.

Diese Art der Wortmeldung mit einer Vergewisserungsfrage klären Sie unbedingt mit dem Moderator der Veranstaltung. Der kündigt dieses Vorgehen am besten in der Veranstaltung an.

Merke

Sprechen Sie Ihre Rolle als Protokollant mit dem Moderator der Veranstaltung ab. So kommt es nicht zu Irritationen während der Veranstaltung.

Nachbereitung

Wenn die Veranstaltung beendet ist, beginnt für den Protokollanten oft noch ein aufwendiger Prozess der Nacharbeit. Im Einzelnen geht es um:

- Ausfertigung des Protokolls
- Genehmigung des Protokolls
- Nachverfolgen und kontrollieren der Festlegungen.

Die klassische Aufgabe der Protokollführung besteht im Ausfertigen des Protokolls. Das wird im Einzelnen auf Seite 86 ff. beschrieben. Sie nehmen also Ihre Mitschrift und formulieren die Sachverhalte in der Zeitstufe Präsens. Wenn Sie über eine zweistündige Veranstaltung eine Mitschrift angefertigt haben, benötigen Sie mindestens die gleiche Zeit zum Ausfertigen des Protokolls. Wenn Sie allerdings beim Ausfertigen öfter unterbrochen werden, kann sich die Zeit schnell verlängern, weil Sie immer wieder neu ansetzen müssen.

Nutzen Sie für das Ausfertigen des Protokolls möglichst störungsfreie Zeiten am Tag.

Empfehlung

Sie sparen sich die gesamte Nacharbeit, wenn es Ihnen gelingt, ein Simultanprotokoll zu führen. Das geht nur bei einem Ergebnisprotokoll. Sie erstellen nur die To-Do-Liste, bitten die Teilnehmer nach der Beratung kurz zu warten und geben die ausgedruckte Ergebnisliste jedem mit. Fertig!

Als Protokollführung können Sie in Abstimmung mit dem Vorsitzenden auch nach Erstellen des Protokolls so genannte „offenbare Unrichtigkeiten" – also Schreib- und Rechenfehler, Zahlendreher – jederzeit korrigieren: Wenn also beispielsweise der Name eines Teilnehmers von Ihnen nicht richtig geschrieben wurde, wenn z. B. ein Datum falsch angegeben wurde. Wichtig ist jedoch, dass es sich um „ins Auge springende" – offenbare – Fehler handelt.

Nicht korrigieren können Sie inhaltliche Fehler. Diese besprechen Sie besser mit dem Moderator bzw. dem Vorsitzenden. Eventuell muss das Gremium einen neuen Beschluss fassen.

Genehmigung: 1. Runde

Wenn die Protokollführung den ersten Entwurf fertiggestellt hat, beginnt die erste Runde der Genehmigung. Dabei geht es vor allem um die Überarbeitung durch den Moderator bzw. den Vorsitzenden und evtl. durch einzelne Teilnehmer (z. B. Experten). Es handelt sich also zunächst um keine Genehmigung im juristischen Sinne.

Der Moderator/Vorsitzende kann inhaltliche und stilistische Korrekturen vornehmen. Er hat die Gesamtverantwortung. Darüber hinaus kann die Protokollführung Experten um Korrekturen bitten. Diese Experten sind vielleicht bei einzelnen Tagesordnungspunkten aufgetreten und der Protokollant ist eben gerade kein Experte auf dem entsprechenden Gebiet.

Wenn es juristisch vorgeschrieben ist (s. Seite 30 ff.), wird das Protokoll nach den Korrekturen unterschrieben und laut Verteilerschlüssel versendet. Beachten Sie für den Bereich der öffentlichen Verwaltung, dass Sie damit eine öffentliche Urkunde erstellt haben.

Versendung und Datenschutz

Wenn Sie das Protokoll innerhalb Ihres Unternehmens bzw. Ihrer Verwaltung verteilen gibt es keine datenrechtlichen Bedenken. Wenn Sie das Protokoll auch an andere Stellen verteilen, klären Sie bitte die datenschutzrechtlichen Belange ab.

Die erste Runde der Genehmigung kann im Arbeitsalltag verkürzt werden. Wenn der Protokollant auch die Moderation inne hat oder überhaupt inhaltliche Kompetenz und Verantwortung hat, dann ist der erste Entwurf des Protokolls auch gleich das fertige Protokoll.

Empfehlung
Senden Sie das Protokoll nicht an alle Teilnehmer mit der Bitte, Korrekturen vorzunehmen. Diesen Prozess können Sie in der Regel nicht mehr handhaben. Jede Änderung müsste ja von allen wieder „abgesegnet" werden. Keine gute Idee!

In vielen Situationen des Arbeitsalltags, z. B. bei Teambesprechungen, ist der Prozess der Genehmigung des Protokolls nach der ersten Runde beendet.

Genehmigung: 2. Runde

In den regelmäßigen Veranstaltungen gibt es zu Beginn einen Tagesordnungspunkt „Genehmigung des Protokolls der letzten Veranstaltung". In diesem Fall handelt es sich um ein juristisches Verfahren.

Falls es bei regelmäßigen Sitzungen zu Beginn einen Tagesordnungspunkt „Genehmigung des Protokolls der letzten Sitzung" gibt, dann sind folgende Grundsätze zu beachten:

In aller Regel ist das Protokoll als öffentliche Urkunde zu erstellen. In öffentlichen Urkunden wird nicht „herumgemalt" oder etwas verbessert. In der – neuen – Sitzung beschlossene inhaltliche Einwendungen zum Protokoll der letzten Sitzung werden in das neue Protokoll unter dem Tagesordnungspunkt „Genehmigung des Protokolls der letzten Sitzung" aufgenommen.

Möglicherweise (nicht immer) ist gesetzlich vorgegeben, dass darüber ein mehrheitlicher Beschluss des Gremiums zu fassen ist. Das Protokoll der letzten Sitzung erhält sodann an der jeweiligen Stelle mit * einen Verweis auf die Neufassung in dem nun anzufertigenden neuen Protokoll. Wie ausgeführt, es muss sich um eine sachliche = inhaltliche Einwendung handeln. Kein Teilnehmer hat einen Anspruch auf Protokoll-Ergänzung, nur weil er namentlich nicht mit seinem Diskussionsbeitrag benannt ist.

In aller Regel ist es erforderlich, das anzufertigende Protokoll zur nächsten ordentlichen Sitzung angefertigt, unterschrieben und versandt zu haben.

Falls keine Genehmigung vorgesehen ist, gilt das Protokoll mit der Ausfertigung – also der Unterschrift des Protokollanten/Vorsitzenden – als existent und gefertigt.

Wenn es sich um Gremienprotokolle handelt, wo die nächste Veranstaltung nicht in absehbarer Zeit stattfindet, dann wird das unterschriebene Protokoll mit einer Fristsetzung versendet. Das heißt, die Teilnehmer können dann innerhalb dieser Frist gegebenenfalls schriftlich ihre Einsprüche formulieren.

Bei vielen Protokollen aus dem Arbeitsalltag (z. B. Besprechung von Teams oder Projektgruppen) liegt der Schwerpunkt nicht auf der Genehmigung, sondern auf der Kontrolle der Festlegungen. Dabei ist die entscheidende Frage, wem diese Aufgabe zugeordnet wurde und ob er diese in der Zeit erfüllt hat.

Ist das Chef-Sache, dann ist die Protokollführung davon nicht betroffen. Im Zusammenhang mit dem Thema Chef-Entlastung übernimmt die Protokollführung aber mehr und mehr die Aufgabenfelder Erinnerung, Mahnung, Einfordern.

Empfehlung
Sprechen Sie diese Problematik des Managements rund um das Protokoll mit Ihrem Moderator ab. Er ist Ihnen bestimmt dankbar, wenn Sie die Kontrolle der einzelnen Festlegungen im Blick haben.

Welche Aufgaben kommen dann auf die Protokollführung zu?

Nach dem Versenden des Protokolls (Genehmigung 1. Runde) übertragen Sie die Termine in einen Kalender. Sie erkundigen sich in angemessener Zeit vor dem Endtermin bei den Verantwortlichen über den Erfüllungsstand.

Beachten Sie bitte, dass Sie in der Regel keine Weisungsbefugnis haben, aber ein freundlicher Erinnerungsanruf sollte möglich sein. Wenn es Terminschwierigkeiten gibt, ist das natürlich Chef-Sache. Dann sollte der Moderator/Vorsitzende einbezogen werden.

Am Beginn der nächsten Veranstaltung kann dann die Protokollführung den Erfüllungsstand der Festlegungen erfragen und entsprechend im neuen Protokoll festhalten. So haben Sie den Überblick und der Moderator/Vorsitzende bekommt ein präzises Protokoll.

Protokollführung und Moderation

Beide Tätigkeiten, Moderation und Protokollführung, sind sehr anspruchsvoll. Sie bauen aber auch aufeinander auf und sind vielfältig verzahnt. Das ist der Ansatzpunkt, beide Tätigkeiten noch besser aufeinander abzustimmen.

Der Moderator führt durch die Veranstaltung. Er sollte inhaltlicher Experte sein, aber auch großes kommunikatives Geschick aufweisen, verschiedene Meinungen ausgewogen zu Wort kommen zu lassen. Die große Aufgabe der Moderation besteht darin, lösungsorientiert die Diskussion zu führen.

Wie kann die Protokollführung die Moderation unterstützen?

- Die Protokollführung hat das gesamte Management rund um die Veranstaltung im Griff (optimale Vorbereitung). Der Moderator ist davon befreit.
- Die Protokollführung kann während der Veranstaltung die Moderation unterstützen, indem diese das Zeitmanagement im Blick hat und den Moderator evtl. auf Störungen hinweist.
- Die Protokollführung kann während der Veranstaltung durch Vergewisserungsfragen das präzise Ergebnis der einzelnen Tagesordnungspunkte absichern.
- Die Protokollführung kann durch ein präzises und übersichtlich strukturiertes Protokoll die Nachnutzbarkeit absichern.
- Die Protokollführung kann durch das Nachverfolgen der Festlegungen einen Beitrag zur Chefentlastung leisten.

Wie kann die Moderation die Protokollführung unterstützen?

- Die Moderation kann durch eine gut strukturierte und präzise Tagesordnung die Vorbereitung der Veranstaltung durch die Protokollführung optimieren.
- Die Moderation kann die Protokollführung stärken, z. B. durch Unterstützung bei inhaltlichen Problemstellen.
- Die Moderation kann die Ergebnissicherung maßgeblich unterstützen, indem sie die Ergebnisse während der Veranstaltung ankündigt: „Das Folgende halten Sie bitte als Ergebnis fest."
- Die Moderation unterstützt natürlich auch die Protokollführung, wenn sie ansagt, was nicht in das Protokoll soll.
- Die Moderation hilft der Protokollführung, wenn sie notwendige Korrekturen im Entwurf nachvollziehbar erläutert.

Auf den Punkt gebracht

Eine optimale Protokollführung beginnt mit einer präzisen Vorbereitung (Einladung, organisatorisch-technische Vorbereitung, positive Einstellung des Protokollanten).

Klären Sie Ihre Rolle als Protokollführung während der Veranstaltung und in der Nachbereitung.

Schaffen Sie ein transparentes Verfahren zur Genehmigung des Protokolls.

Moderation und Protokollführung haben ein berechtigtes Interesse sich enger abzustimmen. Die Moderation erwartet zu Recht ein präzises und gut lesbares Protokoll. Dies kann die Protokollführung vor allem dann liefern, wenn eine kommunikative Abstimmung erfolgt und die Moderation auch die Protokollführung unterstützt.

Gesamtzusammenfassung

Zusammenfassung juristische Sicht

- Bei der Anfertigung von Protokollen ziehen Sie die für Ihren Bereich bereits erlassenen Rechtsgrundlagen/Vorgaben zu Rate. Sie nehmen diese Vorschriften als Handlungsgrundlage sowohl für den formellen Teil als auch für den inhaltlichen Teil.
- Sie sind sich darüber im Klaren, dass Sie mit Ihrem Protokoll eine (öffentliche) Urkunde erstellen. Derartige Urkunden tragen den Beweis der Richtigkeit in sich.
- Die Tagesordnungspunkte und die dazu ggf. gefassten Beschlüsse dienen der Beweissicherung und Nachvollziehbarkeit. Sie müssen daher bestimmt genug sein.

Zusammenfassung sprachliche Sicht

- Der kommunikative Wert eines Protokolls wird von seiner tatsächlichen Nachnutzbarkeit bestimmt. Daraus ergibt sich, dass Protokolle präzise und bestimmt genug die Ergebnisse widerspiegeln müssen.
- Klären Sie, welches Protokoll Sie benötigen und welche Ergebniskategorien vorkommen.
- Effektivieren Sie Ihre Mitschreibetechniken, indem Sie Stichwörter **und** Symbole nutzen.
- Optimieren Sie die Zusammenarbeit zwischen Protokollführung und Moderation.

- Stellen Sie die Ergebnisse in einfachen Sätzen (ggf. in Wortgruppen) und sprachlich präzise dar.

Dazu wünschen Ihnen die Verfasser dieses Buches viel Erfolg!

Stichwortverzeichnis

Die Autoren

Prof. Dr. Edmund Beckmann war u. a. Justitiar der Stadt Bochum, Dezernent für Rechtsangelegenheiten, Liegenschaften und Studentische Angelegenheiten der Ruhr-Universität Bochum, Hochschullehrer an der FHöV NRW mit den Lehrgebieten Kommunalrecht und Öffentliches Baurecht, Lehrbeauftragter verschiedener kommunaler Studieninstitute sowie Angehöriger der RA-Kanzlei Beckmann & Abshoff.

www.profebeckmann.de

profebeckmann@hotmail.com

Dr. Steffen Walter bietet Korrespondenztraining und Korrespondenzberatung. Er unterstützt seit 30 Jahren als Trainer Unternehmen und Öffentliche Verwaltungen, ihre schriftsprachliche Kommunikation zu optimieren. Dabei entstehen zeitgemäße und empfängerorientierte Texte. Darüber hinaus geht es um die Verankerung von sprachlichen Unternehmensleitbildern.

drsteffenw@aol.com

Impressum:
Verlag C. H. Beck im Internet: www.beck.de
ISBN Print: 978-3-406-80937-8
ISBN E-Book: 978-3-406-80938-5

Wilhelmstraße 9, 80801 München
Satz: Fotosatz Buck, 84036 Kumhausen
Druck und Bindung: Beltz Bad Langensalza GmbH
Am Fliegerhorst 8, 99947 Bad Langensalza
Umschlaggestaltung: Ralph Zimmermann – Bureau Parapluie
Umschlagbild: © pressmaster – depositphotos.com

Gedruckt auf säurefreiem, alterungsbeständigem Papier
(hergestellt aus chlorfrei gebleichtem Zellstoff)